WordPress
超實用必裝外掛50款

嚴選50款超好用高評價的
WordPress 外掛程式

黃英展 著

實測推薦
節省測試
外掛的時間

重點摘要
去除艱深繁瑣
的流程說明

專業升級
提升網站附加
價值與維護

博碩文化

作　　者：黃英展
責任編輯：黃俊傑

董 事 長：陳來勝
總 編 輯：陳錦輝

出　　版：博碩文化股份有限公司
地　　址：221 新北市汐止區新台五路一段 112 號 10 樓 A 棟
　　　　　電話 (02) 2696-2869　傳真 (02) 2696-2867

發　　行：博碩文化股份有限公司
郵撥帳號：17484299　戶名：博碩文化股份有限公司
博碩網站：http://www.drmaster.com.tw
讀者服務信箱：dr26962869@gmail.com
訂購服務專線：(02) 2696-2869 分機 238、519
（週一至週五 09:30 ～ 12:00；13:30 ～ 17:00）

版　　次：2023 年 3 月初版一刷

建議零售價：新台幣 650 元
I S B N：978-626-333-405-2
律師顧問：鳴權法律事務所 陳曉鳴律師

國家圖書館出版品預行編目資料

WordPress 超實用必裝外掛 50 款 / 黃英展著.
-- 初版. -- 新北市：博碩文化股份有限公司，
2023.03

面；　公分

ISBN 978-626-333-405-2(平裝)

1.CST: 網站 2.CST: 網頁設計 3.CST: 網際網路

312.1695　　　　　　　　　112001571

Printed in Taiwan

博碩粉絲團　　歡迎團體訂購，另有優惠，請洽服務專線
　　　　　　　(02) 2696-2869 分機 238、519

序言

隨著 WordPress 系統架站在企業、教學單位、品牌間廣泛的使用，預設的功能已經很強大。但若是要做到更符合網站功能需求時，往往得要安裝外掛才能達成。然而安裝外掛往往會是兩面刃，有時候因升級問題無發匹配系統就會造成系統的崩潰、錯誤，或是有程式漏洞遭到木馬攻擊。是故選擇外掛，將要慎選。本書推薦 50 款外掛供讀者參考安裝，讓大家在架設網站時能夠節省研究外掛的時間！只要你是用 WordPress 架設的網站，本書將會是你不能錯過的一本好書。

作者介紹

黃英展

(大魚老師)

通過 ACA、ACE 國際認證 Adobe Certified Associate (Visual Communication using Adobe Photoshop CC) 、Adobe Certified Associate (Graphic Design and Illustration using Adobe Illustrator CC) Adobe Certified Associate (Photoshop、Dreamweaver、FLASH) Adobe Certify Expert (in Photoshop)

現職

- 數位鯨多媒體行銷 負責人
- 中興大學、亞洲大學「ACP 證照班」兼任講師

著作

- 《Dreamweaver 達人設計寶典》(上奇出版社)
- 《WordPress & 網頁設計會遇到的 100 個問題》(博碩文化)

經歷

- 品牌設計公司 藝術指導
- 中區電腦教育中心 講師
- 聯成電腦 講師
- 東海大學工業設計系「ACA 認證班」講師
- 僑光科大「AI SSE 證照課程輔導」講師
- 環球科大「DW SSE 證照課程輔導」講師
- 建國科大「ACA 證照班」講師
- 中國醫藥大學推廣教育中心「網頁設計實務應用班」講師
- 巨匠電腦「Adobe 軟體系列」講師
- 太平洋電腦「職訓局課程」(多媒體設計、網頁設計、影像處理、專題作品) 委任講師

1 WordPress 及外掛簡介
chapter

2 WordPress 小教室：32 個常見問題
chapter

contents ——————————

目錄

3 嚴選實測 50 款熱門外掛
chapter

contents

目錄

A 分享：學習及網頁資源、素材網站、**Chrome** 擴充

appendix

WordPress 及外掛簡介

在各種社群、影音平台百花齊放的時代，由於社群特點，往往讓搜尋關鍵字只封閉侷限在該平台，Google 往往搜尋不到你辛苦經營平台裡面的關鍵字，回歸本質，經營官網才是王道！

WordPress 是以 PHP 和 MySQL 為平台網站的內容管理系統（Content Management System），原本主要作為部落格系統，因其系統功能強大又是免費開放的原始碼，不僅簡易上手且具備豐富多元的網頁功能，因此逐漸廣泛運用在各個企業的網站架設上。WordPress 的問市，讓很多公司省下了動輒數十萬的架站經費。發展至今，外掛模組琳瑯滿目、不勝枚舉，藉由本書介紹，期許讓讀者能更快速上手。

外掛官方網址

🌐 https://wordpress.org/plugins/

顯示目前（本書截稿前）官網收錄了 6 萬多筆外掛（持續增加中），可透過關鍵字搜尋你要的外掛。

Block-Enabled Plugins

See all

Syntax-highlighting Code Block (with Server-side Rendering)

★★★★★ (22)

Extending the Code block with syntax highlighting rendered on the server, thus being AMP-compatible and...

👤 Weston Ruter

📶 1,000+ active installations　𝕎 Tested with 6.0.1

Gutenberg Blocks Collection – qodeblock

☆☆☆☆☆ (0)

A collection of beautiful, customizable Gutenberg blocks for the new block editor.

👤 QODEBLOCK

📶 10,000+ active installations　𝕎 Tested with 5.8.0

Animated Blocks on Scroll

★★★★★ (5)

Add scroll based animations to WordPress Gutenberg blocks.

👤 Virgiliu Diaconu

📶 1,000+ active installations　𝕎 Tested with 5.9.3

MihanPanel – User Login , Registration and Dashboard

★★★★★ (10)

WordPress Login and Registration Plugin Lite Version.

👤 Ertano

📶 2,000+ active installations　𝕎 Tested with 6.0.1

特色外掛

Featured Plugins

See all

Classic Editor

★★★★★ (1,076)

Enables the previous "classic" editor and the old-style Edit Post screen with TinyMCE, Meta Boxes....

👤 WordPress Contributors

📶 5+ million active installations　𝕎 Tested with 5.8.4

Akismet Spam Protection

★★★★⯪ (950)

The best anti-spam protection to block spam comments and spam in a contact form. The...

👤 Automattic

📶 5+ million active installations　𝕎 Tested with 6.0.1

Jetpack – WP Security, Backup, Speed, & Growth

★★★★☆ (1,784)

Improve your WP security with powerful one-click tools like backup and malware scan. Get essential...

👤 Automattic

📶 5+ million active installations　𝕎 Tested with 6.0.1

Classic Widgets

★★★★★ (218)

Enables the previous "classic" widgets settings screens in Appearance – Widgets and the Customizer. Disables...

👤 WordPress Contributors

📶 1+ million active installations　𝕎 Tested with 5.9.3

熱門外掛

Popular Plugins
See all

Contact Form 7
★★★★☆ (1,964)
Just another contact form plugin. Simple but flexible.

Takayuki Miyoshi
5+ million active installations　Tested with 6.0.1

Yoast SEO
★★★★★ (27,488)
Improve your WordPress SEO: Write better content and have a fully optimized WordPress site using...

Team Yoast
5+ million active installations　Tested with 6.0.1

Elementor Website Builder
★★★★⯪ (6,251)
The Elementor Website Builder has it all: drag and drop page builder, pixel perfect design,...

Elementor.com
5+ million active installations　Tested with 6.0.1

Classic Editor
★★★★★ (1,076)
Enables the previous "classic" editor and the old-style Edit Post screen with TinyMCE, Meta Boxes,...

WordPress Contributors
5+ million active installations　Tested with 5.8.4

測試版外掛

Beta Plugins
See all

Gutenberg
★★☆☆☆ (3,575)
The Gutenberg plugin provides editing, customization, and site building features to WordPress. This beta plugin...

Gutenberg Team
300,000+ active installations　Tested with 6.0.1

Performance Lab
★★★★★ (13)
Performance plugin from the WordPress Performance Group, which is a collection of standalone performance modules.

WordPress Performance Group
7,000+ active installations　Tested with 6.0.1

Plugin Dependencies
★★★★★ (2)
Parses a 'Requires Plugins' header and adds a Dependencies tab in the plugin install page....

Andy Fragen, Colin Stewart
10+ active installations　Tested with 6.0.1

Two-Factor
★★★★⯪ (153)
Enable Two-Factor Authentication using time-based one-time passwords (OTP, Google Authenticator), Universal 2nd Factor (FIDO U2F,...

Plugin Contributors
40,000+ active installations　Tested with 5.9.3

下載外掛壓縮檔

01

安裝外掛有 2 種方式

| 方法一 | 透過前面介紹的官網下載外掛（或是取得付費版已下載的外掛壓縮檔），再至後台選單，選擇外掛、安裝外掛。

| 方法二 | 前往 WordPress 後台外掛選擇安裝外掛，搜尋外掛。

右上方輸入搜尋關鍵字

關鍵字 ∨　搜尋外掛...

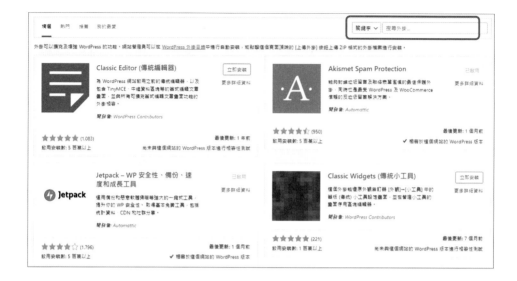

備註：付費的外掛通常有分兩種：

(1) 利用上方搜尋外掛，安裝完之後，若欲啟用付費延伸功能，購買取得授權碼
（啟用金鑰）即可使用。

(2) 有許多付費版本外掛沒有上架在 WordPress 外掛資料庫上，有些須至該外掛
官網，或是可前去知名的網站版型森林 ThemeForest（Envato Market）購買
及下載外掛。

將取得購買的外掛（壓縮檔）下載後，選擇安裝外掛，上傳外掛。

02

安裝外掛須注意的 8 件事

第一件 請儘量選擇安裝次數高的外掛,且先善用螢幕截圖觀看安裝的結果。

第二件 太久沒更新的外掛建議不要安裝,通常會跟現有的 WordPress 版本不符。

第三件 同性質的外掛之間可能會有衝突,儘量不要重複安裝有類似功能的外掛。

第四件 建議可先透過螢幕擷圖,觀看外掛大致運作的情形。

第五件 外掛不建議安裝太多,會造成網站速度變慢。

第六件 版型毀損,網站壞掉,很大的機率是跟外掛有關,請試著關閉外掛測試。

第七件 請定期更新外掛及 WordPress 系統,好處是避免遭到木馬入侵。還有網站變慢往往跟外掛或是 WordPress 系統沒有更新有關!

輸入：你的首頁網址 /wp-admin/update-core.php

最後檢查時間: 2022 年 4 月 2 日下午 1:24。　再次檢查

WordPress 已有更新版本可供下載安裝。

這個網站可以自動更新至 WordPress 5.9.2-zh_TW。

立即更新　隱藏這項更新

這個本地化版本包含了語言套件及其他本地化的修正。

這個網站可以自動更新至 WordPress 5.9.2-en_US。

立即更新

當這個網站進行更新時，便會進入 [網站例行性維護] 模式；網站更新完畢後，便會停用這個模式。

外掛

下列外掛已有新版本可供更新。選取要進行更新的外掛並點擊 [更新外掛]。

更新外掛

系統會自動提醒需要更新的外掛，目前顯示為 22 筆。

控制台

首頁

更新 22

不適用的外掛建議停用或刪除，減少因為網站程式衝突而造成錯誤情況，較少人安裝的外掛也有可能暗藏木馬中毒的危機！

建議可以先安裝的第一個外掛：WP Rollback。

可將外掛還原前面版本。

☐ **Jetpack**
我的 Jetpack | 設定 | 支援 | 停用 | 安裝指定版本

☐ **Jetpack Boost**
我的 Jetpack | 設定 | 停用 | 安裝指定版本

☐ **LoginPress - Customizing the WordPress Login Screen.**
設定 | 自訂 | 加入宣告 | 停用 | 升級 PRO 版 | 安裝指定版本

☐ One Click Demo Import
啟用 | 刪除 | 安裝指定版本

☐ Optimus
啟用 | 刪除 | 安裝指定版本

☐ Recommend to a friend
啟用 | 刪除 | 安裝指定版本

☐ Simple Sitemap
啟用 | 刪除 | 安裝指定版本

安裝可參考第三章中的 WP Rollback – 將外掛還原前面版本 。

03

安裝好的外掛都跑去哪裡了？從哪裡找？

常常遇到安裝好外掛後，不知外掛生成在哪裡，及從哪裡設定外掛。

1. 最簡單明顯的，大部分直接生成顯示在**選單列**。

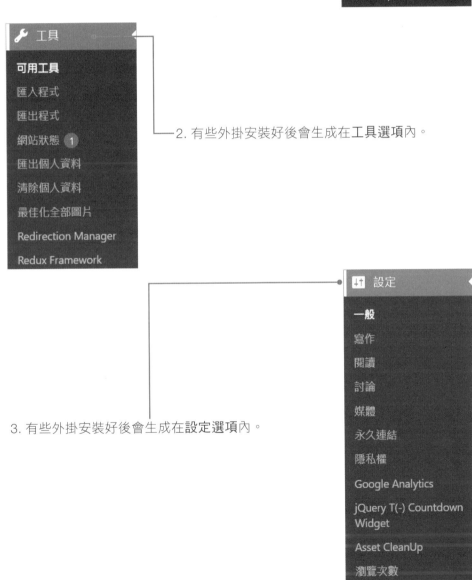

2. 有些外掛安裝好後會生成在**工具選項**內。

3. 有些外掛安裝好後會生成在**設定選項**內。

4. 有些外掛安裝好後會生成在**外觀選項**內。

5. 有少部分在**外掛選項**，該外掛名稱下方的設定連結中。

> LoginPress - Customizing the WordPress Login Screen.
> 設定 | 自訂 | 加入宣告 | 停用 | 升級 PRO 版 | 安裝指定版本

04/ 一定要裝的外掛有那些？

這邊推薦名單如下：

Wordfence Security 防毒、SEO（All in One SEO、Yoast SEO、Rank Math）任選一種裝一組就夠了、WPForms 表單建置、Jetpack 提升網站速率、MonsterInsights 網站活動監控、WP Rollback 將網站外掛還原至前面版本、LoginPress 客製化登入畫面，本書都有介紹，其他則看自己需求斟酌安裝。

WordPress 小教室：
32 個常見問題

01/ 甚麼是 WordPress 短碼 Short Code？

WordPress 提供短碼嵌入式系統的一大特色！可省去繁冗的語法嵌入或是遺漏，因此大部分的外掛模組，經常是透過產生對應之短碼來嵌入網頁。

舉例：安裝外掛 TablePress 後，輸入以下短碼。

```
[table id=1 /]
```

舉例：安裝外掛 Flexy Breadcrumb 麵包屑外掛後，輸入以下短碼。

[flexy_breadcrumb]

前端網頁呈現右方所顯示。

舉例：安裝外掛 WPForms 表單外掛後，輸入以下短碼。

[wpforms id="6428" title="false"]

前端網頁呈現為下方所顯示。

02 / 如何設置網站的首頁？

設定 / 閱讀———

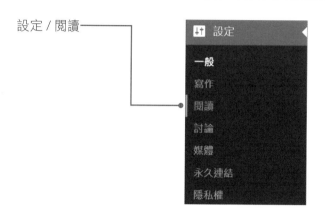

選取：靜態頁面，在靜態頁面下拉選單中選擇。

03 / 網站選單從哪裡設置？

外觀 / 選單

若有購物系統看不到商品分類選項，可至頁面有上角開啟，顯示項目設定。

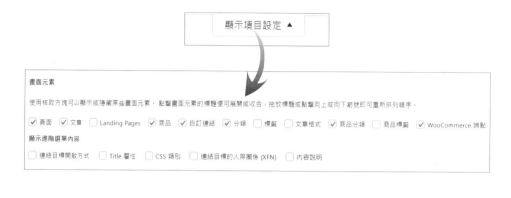

04

文章跟頁面有何不同？

文章為網站最新消息（部落格），須經常
性更新的為文章。

頁面通常為固定的網頁，例如公司簡介
、品牌故事、服務介紹、聯絡資訊等。

05　頁尾及側邊欄設置通常位於何處？

以右側圖為例：網頁前端的側邊欄，
用於顯示產品分類。

商品分類	
Uncategorized	(0)
沙發	(10)
寢具	(30)
餐桌	(20)
餐椅	(18)
室內	(50)
室外	(32)
生活用品	(16)
周邊商品	(10)

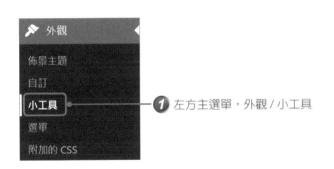

❶ 左方主選單，外觀 / 小工具

❷ 找到 Blog Sidebar 作為
閱讀文章時側邊欄的內
容設定

購物車側邊欄設定。（前後台對照：左為後台，右為前台）

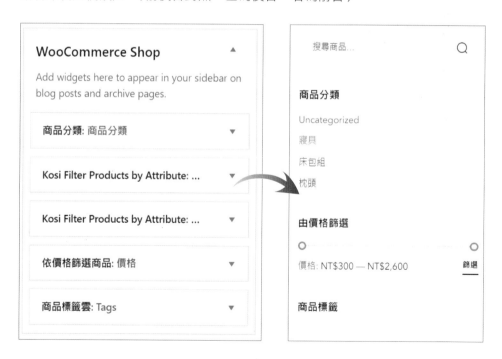

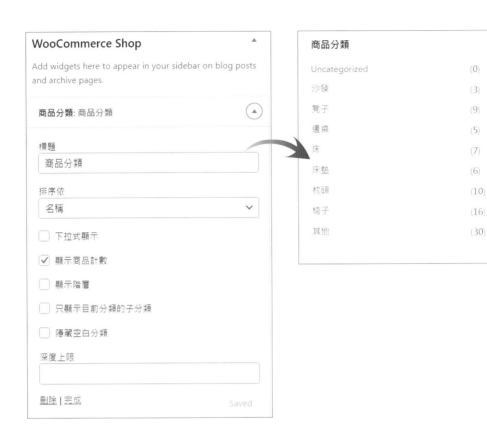

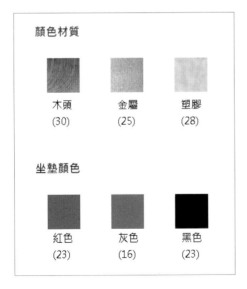

06 / 如何設置讓頁面必須透過密碼才能觀看？

不論是文章或是頁面，在右方發佈區塊選擇 ———

07 / 如何設置出現在瀏覽器的小圖示？

在自訂選項

> 網站識別

> 上傳 512 x 512 大小的圖檔

08 / 如何設置文章摘要？

截斷文章語法 <!--more-->。

前台會產生閱讀更多的連結。

可參考第三章安裝外掛 Advanced Excerpt。

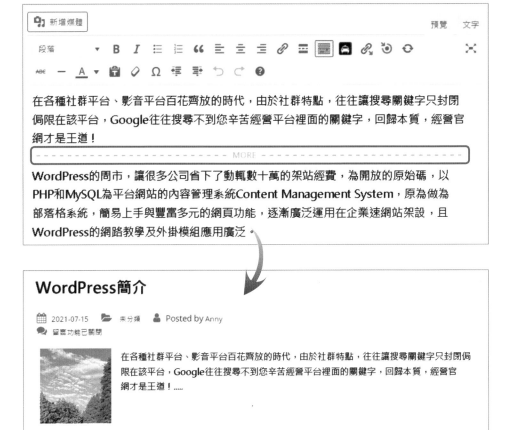

09 如何設定永久連結？

左方主選單，選擇設定 / 永久連結。

WordPress 提供網站管理員為永久連結及彙整建立自訂網址結構的設定。自訂網址結構能為網站連結增進可讀性、可用性及向前相容性 (與更新版本具備相容性)。〈使用永久連結〉線上說明中提供了可用於永久連結結構的標籤說明，以及對應的範例以供參考。

一般設定

- ○ 預設　　　　　　　　　https://www.dgwhale.com/?p=123

- ○ 日期與文章名稱　　　　https://www.dgwhale.com/2022/07/23/sample-post/

- ○ 月份與文章名稱　　　　https://www.dgwhale.com/2022/07/sample-post/

- ○ 純數值　　　　　　　　https://www.dgwhale.com/archives/123

- ○ 文章名稱　　　　　　　https://www.dgwhale.com/sample-post/

- ● 自訂結構　　　　　　　https://www.dgwhale.com 　/%category%/%postname%/

　　　　　　　　　　　　可用於永久連結結構的標籤：

| %year% | %monthnum% | %day% | %hour% | %minute% | %second% | %post_id% |

| %postname% | %category% | %author% |

預設的為流水號連結及純數值，沒有意義的流水號對 SEO 是沒有幫助的，建議使用自訂結構。

/%category% 為文章分類名稱　　/%category% 為文章分類名稱

10 / 常常被忽略的功能

當安裝的外掛越多，文章或是產品對應的欄位將更多，所以會造成類似下面**欄位過多，擠在一起**的情況。

開啟右上角的按鈕，建議只勾選必要的選項來排除擁擠的情況。

11 / 選單字體加大加粗

利用 Chrome 瀏覽器，滑鼠右鍵 > 檢查，找到原始碼（快速鍵：Ctrl+Shift+i）。

每種佈景主題的 CSS 語法設置都將不太一樣。

【範例】

```
#navigation{
font-size:120%;  /* 文字大小 */
font-weight:bold;/* 文字加粗 */
color:#0988a3 ;  /* 顏色語法 */
text-shadow: 3px 3px 3px #dbdbdb;  /* 文字加陰影 */
}
```

12 / 如何設置後台的語系？

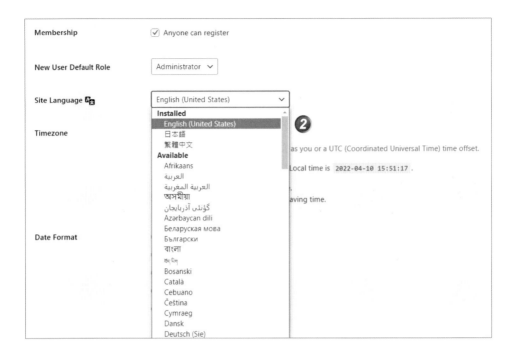

13 / 手動掃毒排毒的方法

可嘗試利用刪除所有檔案，除了 wp-content 目錄以外，到 WordPress 官網下載
WordPress 安裝包，重新上傳檔案覆蓋。

🌐 網址：https://wordpress.org/download/

14／網址列強制使用 HTTPS 連線（使用 SSL 憑證）

Really Simple SSL

立即安裝

無須手動進行繁複的設定，僅需一張合格的 SSL 憑證，這個外掛便會完成餘下的設定。

更多詳細資料

開發者: Really Simple Plugins

★★★★★ (7,850)

最後更新: 2 個月前

啟用安裝數: 5 百萬以上

✓ **相容**於這個網站的 WordPress 版本

針對站內一般 HTTP 的聯外網站可強制加入 HTTPS，且 Google Chrome 瀏覽器針對未設為 HTTPS 的網站視為不安全的網站。因此設置 SSL 憑證已是網站必備的。

類似的外掛有：

WP Force SSL & HTTPS SSL Redirect

立即安裝

Enable SSL & HTTPS redirect with 1 click! Add SSL certificate & WP Force SSL to redirect site from HTTP to HTTPS & fix SSL errors.

更多詳細資料

開發者: WebFactory Ltd

★★★★★ (164)

最後更新: 2 個月前

啟用安裝數: 100,000+

✓ **相容**於這個網站的 WordPress 版本

WP Encryption – One
Click Free SSL
Certificate & SSL /
HTTPS Redirect to fix
Insecure Content

立即安裝

更多詳細資料

SSL for lifetime - Install free SSL
certificate & enable secure HTTPS
padlock, secure mail w/ HTTPS,
HTTPS redirect, fix SSL errors, SSL
score, in ...

開發者: WP Encryption SSL

★★★★★ (769)

啟用安裝數: 50,000+

最後更新: 6 天前

✓ **相容**於這個網站的 WordPress 版本

15 網站備份：匯出文章與頁面

匯出程式

可選擇多種匯出項目格式。

選取匯出項目

◉ 全部內容

選取這項設定後，匯出的內容會包含這個網站的全部文章、頁面、留言、自訂欄位、分類、標籤、導覽選單及自訂內容。

○ 文章

○ 頁面

○ Landing Pages

○ 我的版型

○ Custom Code

○ Views

○ Portfolio

○ Saved Layouts

○ 方案

○ 訂單

○ 產品

○ Ninzio slider

○ Faq

○ Custom Fonts

○ Custom Icons

○ 媒體

[下載資料匯出檔]

選取匯出項目

○ 全部內容

選取這項設定後，匯出的內容會包含這個網站的全部文章、頁面、留言、自訂欄位、分類、標籤、導覽選單及自訂內容。

◉ 文章

分類： 全部 ⌄

作者： 全部 ⌄

開始日期： — 選取 — ⌄ 結束日期： — 選取 — ⌄

狀態： 全部 ⌄

○ 頁面

產生一個 XML 格式資料檔。

WordPress.2022-
04-27.xml

匯入程式

可選擇多種匯入項目格式。

如果已在其他系統撰寫文章或留言，WordPress 能將它們匯入這個網站。如需進行這項操作，請在下方選擇要匯入內容的系統：

Blogger
立即安裝 | 詳細資料 　　　從 Blogger 網站匯入文章、留言及使用者。

LiveJournal
立即安裝 | 詳細資料 　　　透過 LiveJournal 提供的 API 匯入文章。

Movable Type 與 Typepad
立即安裝 | 詳細資料 　　　從 Movable Type 或 TypepPad 網站匯入文章及留言。

RSS
立即安裝 | 詳細資料 　　　透過 RSS 資訊提供匯入文章。

Tumblr
立即安裝 | 詳細資料 　　　透過 Tumblr 的 API 匯入 Tumblr 網站的文章及媒體檔案。

WordPress
立即安裝 | 詳細資料 　　　從 WordPress 資料匯出檔匯入文章、頁面、留言、自訂欄位、分類及標籤。

分類與標籤轉換程式
立即安裝 | 詳細資料 　　　選擇性地將現有分類轉換成標籤，或將現有標籤轉換成分類。

如果這個頁面並未列出這個網站需要的匯入程式，請搜尋外掛目錄，查看是否提供其他可用的匯入程式。

如果已在其他系統撰寫文章或留言，WordPress 能將它們匯入這個網站。如需進行這項操作，請在下方選擇要匯入內容的系統：

Blogger
立即安裝 | 詳細資料

從 Blogger 網站匯入文章、留言及使用者。

LiveJournal
立即安裝 | 詳細資料

透過 LiveJournal 提供的 API 匯入文章。

Movable Type 與 Typepad
立即安裝 | 詳細資料

從 Movable Type 或 TypepPad 網站匯入文章及留言。

RSS
立即安裝 | 詳細資料

透過 RSS 資訊提供匯入文章。

Tumblr
立即安裝 | 詳細資料

透過 Tumblr 的 API 匯入 Tumblr 網站的文章及媒體檔案。

WordPress
執行匯入程式 | 詳細資料

從 WordPress 資料匯出檔匯入文章、頁面、留言、自訂欄位、分類及標籤。

分類與標籤轉換程式
立即安裝 | 詳細資料

選擇性地將現有分類轉換成標籤，或將現有標籤轉換成分類。

如果這個頁面並未列出這個網站需要的匯入程式，請搜尋外掛目錄，查看是否提供其他可用的匯入程式。

你好，請上傳 WordPress eXtended RSS 格式檔案 (WXR 格式，副檔名為 .xml)，匯入程式會將文章、頁面、留言、自訂欄位、分類以及標籤匯入這個網站。

選取要匯入的 WXR 檔案 (副檔名為 .xml)，然後點擊 [上傳檔案並匯入]。

從個人裝置選取檔案：(檔案大小上限: 512 MB) 選擇檔案 未選擇任何檔案

上傳檔案並匯入

匯入 WordPress 內容

全部完成。 返回 [控制台]

請記得為匯入的使用者變更密碼及使用者角色。

16／網站編輯後重新整理沒有作用？

瀏覽器為加快速度，往往會載入暫存檔讀取網頁內容，可利用快速鍵：CTRL +
F5 強迫瀏覽器重新載入或清除瀏覽器快取緩存；Mac 的 OS 作業系統，可使用
快速鍵 Cmd + R 來強制 Chrome 瀏覽器繞過快取緩存將網頁重新載入。

另外可嘗試方法：

| 方法一 | Ctrl+F5 清除暫存。

| 方法二 | 在你的網址後方輸入 /?nocache=1。

17／安裝付費版型注意事項

■ 速度測試

可先拷貝版型連結網址，前往網站 https://gtmetrix.com/

或是 https://pagespeed.web.dev/

貼入該網址以評測網站連線品質速度。

■ 最好提供有範例 DEMO 資料匯入功能 import democontents。

18 認識 CSS 的兩大標示 ID 及類別

- **CSS 標籤**：為 HTML 內建的標籤語法。

- **CSS 類別**：可自訂名稱，最廣為使用的自訂語法，代表符號為 . 。

- **CSS ID**：可自訂名稱，通常用於大版面區塊定義或是選單名稱定義使用，代表符號為 # 。

類別跟 ID，皆可取代預設的 HTML 標籤設定。

19 編輯文章或頁面的技巧（如何快速安排插入的區塊？）

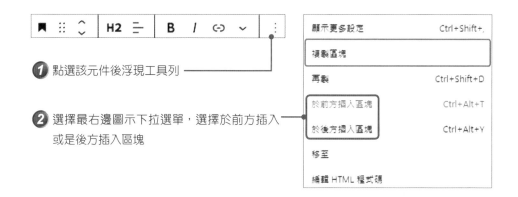

1 點選該元件後浮現工具列

2 選擇最右邊圖示下拉選單，選擇於前方插入或是後方插入區塊

20／設置上傳圖片尺寸與剪裁圖片

在設定／媒體，規範上傳圖片的大小。

前往媒體庫，編輯任一張圖片

右手邊的可看到檔案資訊與大小

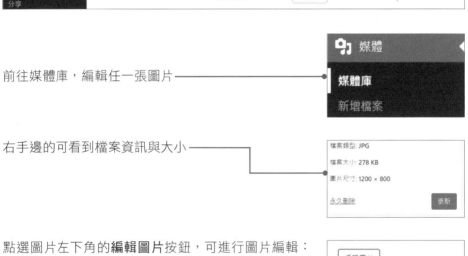

點選圖片左下角的**編輯圖片**按鈕，可進行圖片編輯：
圖片翻轉、剪裁等。

21

如何變更修改網站的 CSS 樣式

外觀 / 自訂 / 附加的 CSS。

下方為桌機、平板、手機
三種不同載具的切換預覽

運用瀏覽器 Chrome 滑鼠右鍵 / 檢查，得出 HTML 原始碼。

22 / 簡易常見 CSS 語法設置

- {font-size:130%;} 調整字型大小。

- {color:#ffffff; } 調整顏色白色，十六進位色碼格式。

- #fff 白色 #000 黑色。

- { rgba(80, 36, 90, 0.2); } 調整顏色，rgba 含透明格式。

- {(background-color:rgba(80, 36, 90, 0.2);} 背景色調整。

- {display:none;} 隱藏網頁元素。

- width: 500px; 任何載具（解析度）觀看都固定寬度 500 畫素。

- max-width: 500px; 最大寬度固定 500 畫素，低於 500 畫素可隨載具（解析度）寬度縮放。

- 圖片設置寬度建議用 max-width 語法，否則容易因寬度壓扁。

- {padding-left:10%;padding-right:10%;} 調整左右內間距 10%。

- /*#header-bottom-bar{background-color:#ffffff;}*/ 標記用，為不讀取。

- 空白語法 。

- 版權語法 &copyright;。

23/ CSS 選色工具

在 Google 搜尋 css color picker 字串。

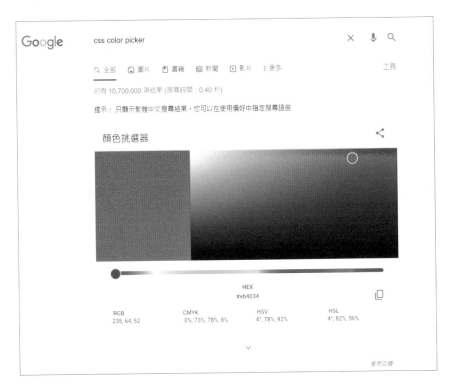

24 / RWD 響應式手機版 CSS 該如何設定

參閱 Bootstrap 用於構建響應式六個斷點設置。

Breakpoint 斷點	Class infix 類別	Dimensions 螢幕寬度	適用載具
X-Small	None	<576px	手機
Small	sm	≥ 576px	橫向手機
Medium	md	≥ 768px	平板
Large	lg	≥ 992px	筆記型電腦
Extra large	xl	≥ 1200px	筆記型電腦或桌機
Extra extra large	xxl	≥ 1400px	筆記型電腦或桌機

了解 @media 規則。

```
@media only screen and (min-width: 768px) {
  /* 此處設定寬度大於768畫素的CSS語法 */
}
@media only screen and (max-width: 768px) {
  /* 此處設定寬度低於768畫素的CSS語法 */
}
```

25 / 甚麼是 CDN

CDN 是 Content Delivery Network 或 Content Distribution Network 的縮寫。

意指內容傳遞網路或內容分配網路,利用分佈全球的伺服器,共同協作,來提供網際網路內容的快速交付,改善網站安全性、減少遭到駭客攻擊的機會。

用戶端無須連接到網站原始伺服器的所在地，而是連接到一個地理位置更近的資料中心。以更短的傳輸時間。大幅提高網站連線速率。

可前去 Cloudflare，網址：https://www.cloudflare.com/zh-tw/ 申請一組帳號使用。

26 / 甚麼是 WebP 圖檔格式

最新的網頁圖檔格式，支援了透明格式與動態格式，壓縮比更勝 jpg 的壓縮比格式，同時提供了有損壓縮與無失真壓縮的圖片檔案格式，WebP 的檔案大小比 PNG 檔少了 45%（資訊來源：維基百科）。

🌐 前往 https://chrome.google.com/

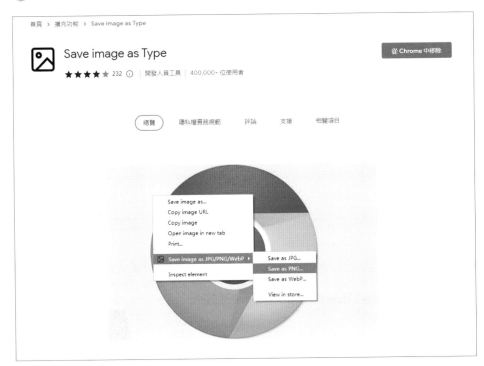

27

網頁連線測速器

PageSpeed Insights

🌐 網址：https://pagespeed.web.dev/

分別對不同的載具：手機及電腦做診斷效能問題分析。

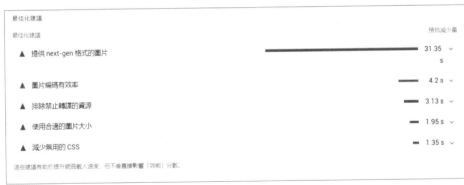

診斷

▲ 避免耗用大量網路資源 – 總大小為 9,129 KiB

▲ 確認載入網站字型時文字不會消失

▲ 未使用被動事件監聽器來提升捲動效能

▲ 圖片元素沒有明確的 `width` 和 `height`

▲ 將主要執行緒的工作降到最低 – 10.4 秒

▲ First Contentful Paint (3G) – 8810 ms

▲ 運用有效的快取政策提供靜態資產 – 找到 88 項資源

▲ 避免 DOM 過大 – 2,722 個元素

▲ 減少 JavaScript 執行時間 – 3.9 秒

○ 避免鏈結關鍵要求 – 找到 58 個連結

○ 降低要求數量並減少傳輸大小 – 103 個要求，9,129 KiB

○ 最大內容繪製元素 – 找到 1 個元素

○ 避免大量版面配置轉移 – 找到 5 個元素

○ 避免長時間在主要執行緒上執行的工作 – 找到 20 項長時間執行的工作

進一步瞭解應用程式的效能。這些數字不會直接影響「效能」分數。

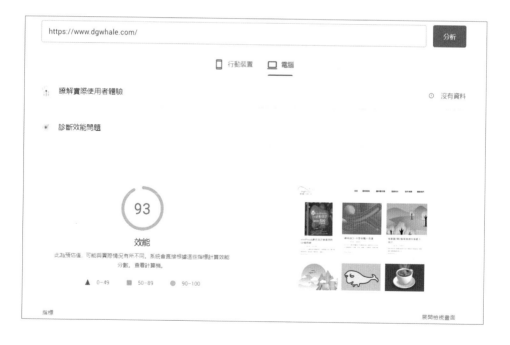

https://www.dgwhale.com/   分析

📱 行動裝置   💻 電腦

📊 瞭解實際使用者體驗   ⊙ 沒有資料

🔅 診斷效能問題

93
效能
此為預估值，可能與實際情況有所不同。系統會直接根據這些指標計算效能
分數。查看計算機。

▲ 0–49   ■ 50–89   ● 90–100

指標   展開檢視畫面

GTmetrix | Website Performance Testing and Monitoring

🌐 網址：https://gtmetrix.com/

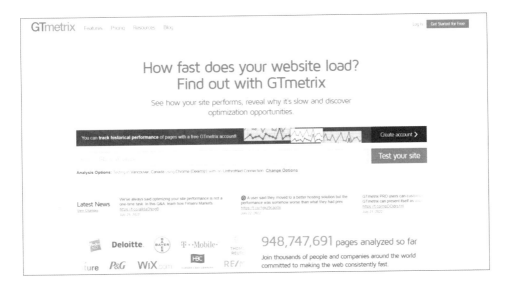

除了選擇進階的主機方案外，可藉由安裝 Jetpack、Asset CleanUp: Page Speed Booster 等外掛來有效提升網站速度。

28 / .htaccess 文件設置

STEP 1 .htaccess 檔案預設的內容

```
# BEGIN WordPress

RewriteEngine On
RewriteRule .* - [E=HTTP_AUTHORIZATION:%{HTTP:Authorization}]
RewriteBase /
RewriteRule ^index\.php$ - [L]
RewriteCond %{REQUEST_FILENAME} !-f
RewriteCond %{REQUEST_FILENAME} !-d
RewriteRule . /index.php [L]
```

```
# END WordPress
```

STEP 2 首先先保護 .htaccess 檔案遭入侵

```
<files ~ "^.*\.([Hh][Tt][Aa])">
order allow,deny
deny from all
satisfy all
</files>
```

STEP 3 追加 **deny from** 來阻擋單 **IP** 位址

例如

```
deny from 111.222.333.444
```

STEP 4 保護 **WP-Config.php**

WP-Config.php 是一個重要檔案,禁止任何人訪問它。

```
<files wp-config.php>
order allow,deny
deny from all
</files>
```

STEP 5 禁止直接連結圖片

```
RewriteEngine on
RewriteCond %{HTTP_REFERER} !^$
RewriteCond %{HTTP_REFERER} !^http(s)?://(www\.)?yourwebsite.com [NC]
RewriteCond %{HTTP_REFERER} !^http(s)?://(www\.)?yourotherwebsite.
com [NC]
RewriteRule \.(jpg|jpeg|png|gif)$ https://你網站上的圖片.png [NC,R,L]
```

STEP 6 網站上傳限制規則設定,請參照下頁的介紹

29 / 調整上傳限制的方法

| 方法一 | 修改 .htaccess 文件

```
php_value upload_max_filesize 128M
php_value post_max_size 128M
php_value memory_limit 256M
php_value max_execution_time 300
php_value max_input_time 300
php_value max_input_vars 4000
```

| 方法二 | 修改 wp-config.php 文件

```
@ini_set( 'upload_max_filesize', '256M' );   //單一檔案大小的上傳限制
@ini_set( 'post_max_size', '256M');           //Post文件資料大小上傳限制
@ini_set( 'memory_limit', '256M' );           //調整php記憶體的上限
@ini_set( 'max_execution_time', '300' );      //執行的時間上傳限制，單位是秒
@ini_set( 'max_input_vars', '4000' );         //單一函數變量的上限
```

備註：匯入版型遇到阻礙是可另外可嘗試用語法 set_time_limit(300);

```
set_time_limit(300);
```

亦可嘗試安裝外掛：Big File Uploads – Increase Maximum File Upload Size 試看看。

30 / 網頁 SEO 優化該注意的項目

| 第 1 項 | 網站流量來源：約 70%SEO、30%Google ADS

| 第 2 項 | 多語系網站對 SEO 有加分效果

| 第 3 項 | 最多人看的網頁項目為：產品介紹、聯絡資訊、公司介紹

| 第 4 項 | 利用搜尋 site：你的網址來查驗 Google 檢索狀況

| 第 5 項 | 網站根目錄加入 xml

利用網站 https://www.xml-sitemaps.com/

協助產生 sitemap.xml

將 sitemap.xml 上傳網站根目錄

| 第 6 項 | 網站根目錄加入 robots.txt

User-agent: *

Allow: /

以上為允許所有訪問

WordPress 系統加入下方語法可防堵入侵

Disallow: /wp-admin/

利用 https://intodns.com/ 解析 DNS 是否有異常

| 第 7 項 | 網址申請 SSL 加密

EV（核發給事業單位的憑證）優於 DV（核發給網址的憑證）

| 第 8 項 | 過多重複的內容網址會分散 SEO 權重

301 轉址，利用 .htaccess 檔案設定，輸入以下文字：

RewriteEngine on

RewriteRule (.*) http:// 新網址 .com/$1 [R=301,L]

儲存至欲轉址地方的根目錄，WordPress 網站可搜尋 301 或 Redirects

等關鍵字外掛來設置

| 第 9 項 | 利用 HTML 的 Canonical 標記語法來告訴 Google

例：同一產品 10ml、20ml、30ml 不同規格

語法設為 <link rel="canonical" href=" 容量 10ml 的 URL" />

| 第 10 項 | Google 商家、Google Map 清楚標示

| 第 11 項 | Google 關鍵字規劃工具

| 第 12 項 | 做好站內及站外的連結

| 第 13 項 | GSC（Google Search Console 訪客到訪報表）及 GA（Google Analytics 訪客到訪後報表）的善用

| 第 14 項 | GA 報表

　　流量管道

　　— Organic Search 透過搜尋

　　— Direct 直接輸入網址

　　— Referral 其他網站連結

　　— Social 透過社群連結

　　— 查看反向連結

　　— 網頁的停留時間、跳出率

網頁 HTML 語法

| 第 15 項 | 抬頭 <title></title> 設置

| 第 16 項 | Meta 標籤

　　<meta name="description" content=" 關鍵字內容 ">

　　<meta name="keywords" content=" 關鍵字內容 ">

| 第 17 項 | 圖片說明 ALT 標籤設置

| 第 18 項 | 文章主標題

　　<h1></h1>、<h2></h2>、<h3></h3>

　　優質產品名稱關鍵字設置

| 第 19 項 | 主詞 + 同意詞 + 形容詞 + 趨勢詞

　　範例：趨勢詞 + 形容詞 + 主詞

| 第 20 項 | 形容詞：材質、規格、顏色、尺寸、容量、功能

| 第 21 項 | 趨勢詞：年分、季節、促銷、特色、專利、差異化

　　練習：年分（2021）+ 形容（全新）+ 材質（304 不鏽鋼）500ml 顏色（全白）特色（鋼琴烤漆）主詞（保溫杯）

　　2021 全新 304 不鏽鋼 500ml 全白鋼琴烤漆保溫杯

31 利用區塊插入器搜尋外掛

舉例：文章或頁面編輯時，透過區塊插入器，選擇關鍵字 PDF，系統即會偵測目前外掛資料庫中符合的功能外掛直接下載，即可加入嵌入 PDF 區塊的功能外掛。

如下例，輸入相片圖庫關鍵字：gallery，系統即提供圖庫畫廊的外掛功能供你下載。

32／網站突然壞掉怎麼處理？

外掛引起的原因很大，可更新外掛或是停用外掛，透過 FTP 連上伺服器或是虛擬主機後台到外掛資料夾，將該資料夾更名為 plugins.hold，即是停用外掛的意思，然後再登入系統後再改回名稱 plugins，檢測到底是那些外掛造成網站毀損故障。

通常很有可能是外掛未更新與系統無法匹配。

可以在 public_html/wp-cotent 的裡面找到名為 plugins 的資料夾。參閱右圖：

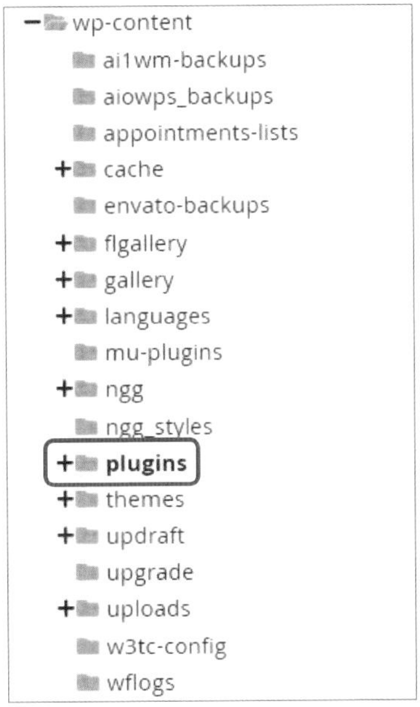

```
─ wp-content
    ai1wm-backups
    aiowps_backups
    appointments-lists
  + cache
    envato-backups
  + flgallery
  + gallery
  + languages
    mu-plugins
  + ngg
    ngg_styles
  + plugins
  + themes
  + updraft
    upgrade
  + uploads
    w3tc-config
    wflogs
```

Note

嚴選實測 50 款熱門外掛

WordPress 視覺化頁面編輯

雖然 WordPress 本身後台編輯就已是簡易且視覺化，但第三方開發的網頁編輯器更為強大！透過安裝更專業進階的後台編輯外掛程式，來使用所見即所得的拖拉網頁元件，快速產生優質的網頁。

編輯原則通常為先規劃網頁版型的分欄區塊架構，再拖拉網頁元素進畫面之中，針對元素再進行相關參數的設定。

01 / WPBakery Page Builder（WP 麵包店網頁編輯器）– 視覺化編輯

簡　　介 外掛後台無試用版釋出，外掛後台，搜尋關鍵字 🔍，搜尋到的都是相關延伸的 WPBakery Page Builder 外掛。

取得方式 1. 購買版型即內建。

2. 至官網付費下載使用（年訂閱制、到期延伸功能鎖住、無法更新），可至版型森林 ThemeForest（Envato Market）或官方購買官方網址：https://wpbakery.com/ 購買某些部分付費版型將有提供此編輯器，但到期若不續訂，將不再提供更新服務。

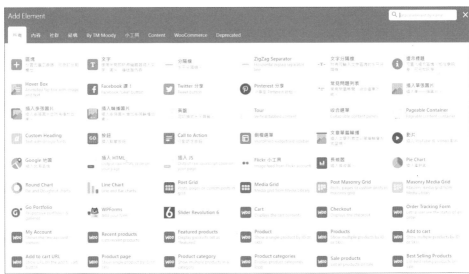

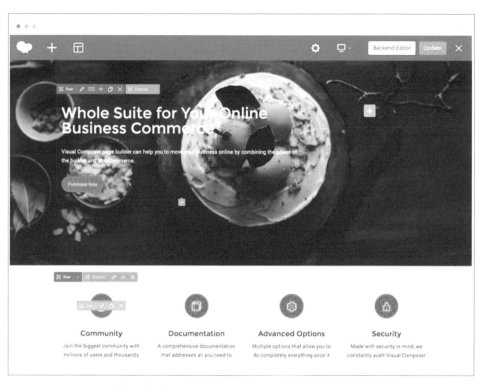

※ 官方提供的系統測試網址：https://wpbakery.com/try/

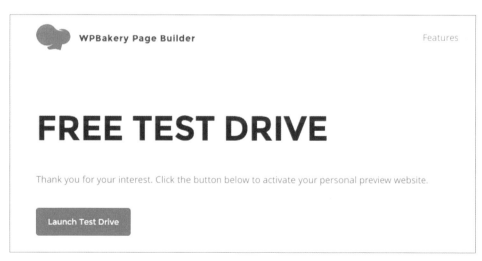

※ 圖片 & 範例資料來源：https://codecanyon.net/

https://wpbakery.com/

Tatsu – 視覺化編輯

簡　　介 外掛後台無試用版釋出。

取得方式 1. 購買版型即內建。

2. 至官網下載免費版，付費版下載使用（年訂閱制、到期延伸功能鎖住、無法更新）。

Try Tatsu 官方提供的系統測試連結。

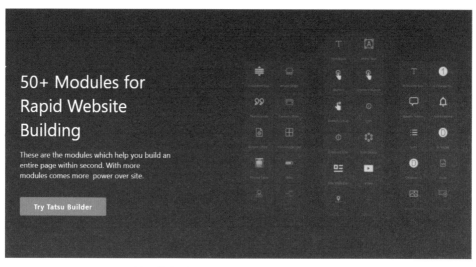

※ 圖片 & 範例資料來源：https://tatsubuilder.com/

03 / Elementor – 視覺化編輯

Elementor Website Builder

已啟用

更多詳細資料

The Elementor Website Builder has it all: drag and drop page builder, pixel perfect design, mobile responsive editing, and more. Get started now!

開發者: Elementor.com

★★★★⯪ (6,251)
啟用安裝數: 5 百萬以上

最後更新: 3 週前
✓ 相容於這個網站的 WordPress 版本

搜　尋　官方網址：https://elementor.com/

簡　介　外掛 / 安裝外掛 / 搜尋關鍵字 🔍Elementor。

取得方式 1. 購買版型即內建。

2. 至 WP 後台左邊選單選擇外掛 / 安裝外掛 / 搜尋欄輸入 elementor 關鍵字，即可安裝。

3. 至官網付費下載使用（年訂閱制、到期延伸功能鎖住、無法更新）。

免費版僅提供基礎網頁元件，進階功能須付費（按年計算，到期則無法使用延伸功能模組）。

所見即所得透過拖拉拖放 Drag & Drop 的方式將網頁元素拖拉至頁面。

另 Elementor 也許多第三方開發的延伸 Addons 特色外掛功能可使用。

Essential Addons for Elementor

The Essential plugin you install after Elementor! Packe...

開發者: WPDeveloper

Premium Addons for Elementor (Blog Post Listing, Mega Menu Builder, WooCommerce Products Grid, Carousel, Free Templates)

Premium Addons for Elementor plugin includes essential widgets and addons like Blog Post Listing, Megamenu, WooCommerce Products Listing, Carousel, Mo ...

開發者: Leap13

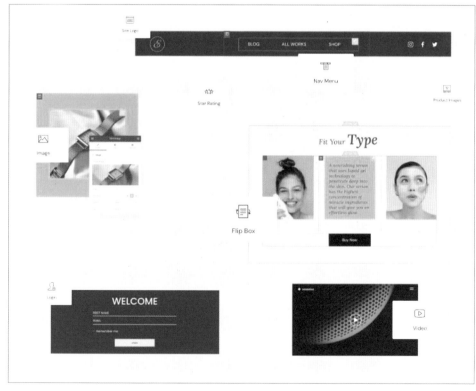

※ 圖片 & 範例資料來源：https://elementor.com/

後台編輯點選使用 Elementor 編輯。

● 其他知名頁面編輯器

（一）Oxygen Builder

※ 官方網址：https://oxygenbuilder.com/

（二）Beaver Builder

※ 官方網址：https://www.wpbeaverbuilder.com/

（三）Thrive Artchitect

※ 官方網址：https://thrivethemes.com/

（四）Ultimate Addons for Gutenberg

為 Astra 佈景主題開發的視覺化網頁編輯器，簡潔的樣式設計為其特點。

於 2018 年年底被 WordPress 加入為預設的後台編輯器，而被移除的 Classic Editor（傳統編輯器）將透過外掛方式安裝。

網站內容與介面

01

Advanced Excerpt – 閱讀更多

> Advanced Excerpt
>
> Advanced Excerp...
>
> 開發者: WPKube
>
> 啟用
>
> 更多詳細資料
>
> ★★★★☆ (95)
>
> 啟用安裝數: 90,000+
>
> 最後更新: 1 年前
>
> 尚未與這個網站的 WordPress 版本進行相容性測試

搜　　尋 外掛 / 安裝外掛 / 搜尋關鍵字 🔍Advanced Excerpt。

簡　　介 將過長的發佈文章，在規範字元數之後進行截斷，截斷後顯示：閱讀更多的字樣。

啟動位置 在該外掛下方點選設定。

> ☐ **Advanced Excerpt**
>
> 設定 | 停用 | 安裝指定版本

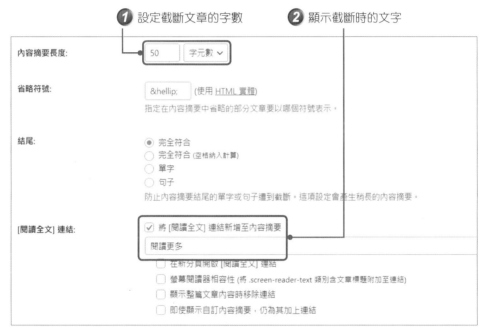

① 設定截斷文章的字數　　② 顯示截斷時的文字

內容摘要長度： 　　50　字元數 ∨

省略符號： 　　… 　(使用 HTML 實體)
指定在內容摘要中省略的部分文章要以哪個符號表示。

結尾： 　　◉ 完全符合
　　　　　　○ 完全符合 (空格納入計算)
　　　　　　○ 單字
　　　　　　○ 句子
防止內容摘要結尾的單字或句子遭到截斷。這項設定會產生稍長的內容摘要。

[閱讀全文] 連結： 　☑ 將 [閱讀全文] 連結新增至內容摘要
　　　　　　　閱讀更多
　　　　　　☐ 在新分頁開啟 [閱讀全文] 連結
　　　　　　☐ 螢幕閱讀器相容性 (將 .screen-reader-text 類別含文章標題附加至連結)
　　　　　　☐ 顯示整篇文章內容時移除連結
　　　　　　☐ 即使顯示自訂內容摘要，仍為其加上連結

設計流程

■ 2022-09-09　　■ 未分類　　■ Posted by fish　　■ No comments yet

客戶委託設計、初步洽談並了解客戶需求及腳本、製作開發目的、期... 閱讀更多 ③

02

WPForms – 表單建置

搜　尋 外掛 / 安裝外掛 / 搜尋關鍵字 🔍 WPForms。

簡　介 WPForms 可快速輕易地為你的網站創建漂亮的聯繫表單、回覆表單、訂閱表格、付款表單，支援響應式介面設計，支援短碼 Shortcode 嵌入語法。

啟動位置 選擇左邊選單 WPForms / Add New。

（一）設定介面

可依據提供範本模板來建構表單，或是選擇 Blank Form 空白表單來建構。

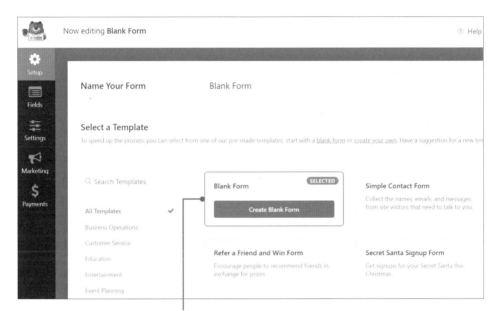

② 在 Setup 設定介面選擇建立空白表單 Blank Form

（二）欄位元件

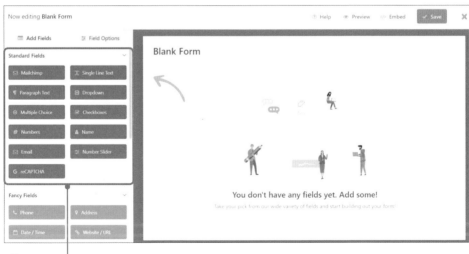

③ 拖曳表單元件進入空白表單

外掛提供了各式各樣的表單欄位。

Field Options 為根據所選的欄位，進行欄位屬性設定。

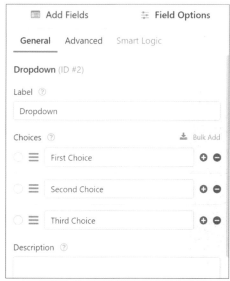

Required 設定此欄位為必填欄位。

每筆表單都會產生對應的短碼，供作頁面嵌入。

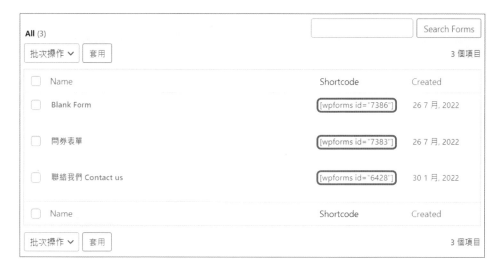

免費版只提供標準欄位供插入表格。

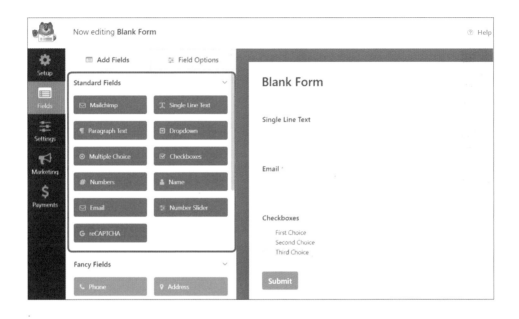

（三）設定

☐ General 選項

設定表單名稱、送出按鈕文字
與填表過程出現的文字訊息。

❑ Notifications 選項

啟用通知函，並可設定多組接收的信箱，請用半形逗點隔開不同的管理者收件信箱。

預設寄件者為網站管理員。

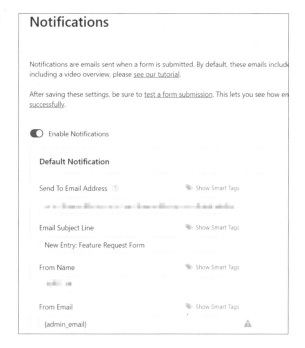

☐ Confirmations 選項

下圖為設定送出表單後，出現在頁面上的訊息。

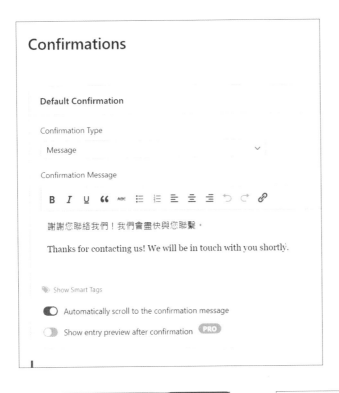

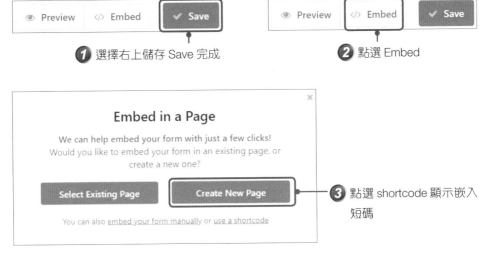

① 選擇右上儲存 Save 完成

② 點選 Embed

③ 點選 shortcode 顯示嵌入短碼

④ 複製短碼貼入要顯示的網頁位置

（四）hCaptcha：免費且注重隱私的垃圾郵件預防服務

選擇 hCaptcha 須先至 hCaptcha 網站 https://dashboard.hcaptcha.com/ 註冊一組帳號。

1. 取得 Site key 跟 Secret key。

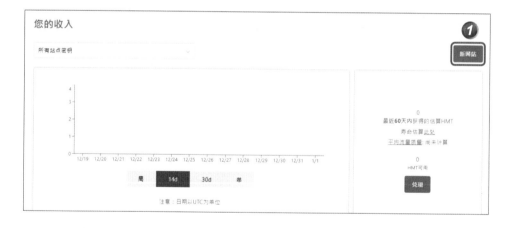

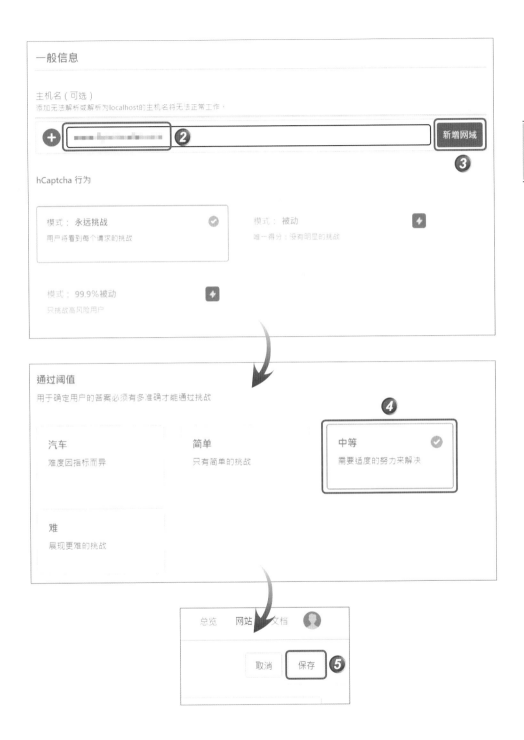

2. 選擇 Settings > CAPTCHA。

3. 選取 hCaptcha 加入表單中。

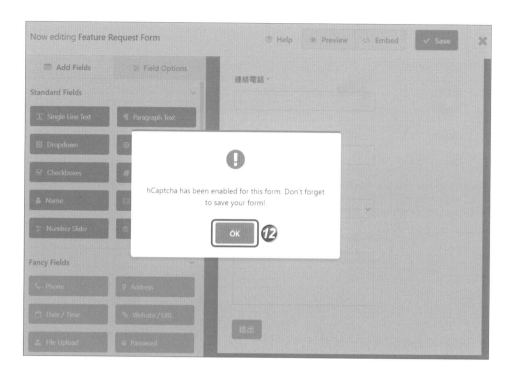

4. 最終在網頁前端表單下方會多出核對的顯示。

（五）reCAPTCHA：Google 免費反垃圾郵件服務

你需要在你的 Google 帳戶中設置 reCAPTCHA 以生成所需的密鑰，在 **Google** 的 **reCAPTCHA** 管理控制台。

STEP 1 前往網址：https://www.google.com/recaptcha/admin/create

reCAPTCHA 類型：選擇你要使用的 **reCAPTCHA** 版本

STEP 2 填入適當對應資訊，最後按提交按鈕來產生兩組金鑰，分別為網站 **Site Key** 及 **Secret Key**

STEP 3 完成註冊產生了兩組金鑰

在你的網站中加進 reCAPTCHA

「 ███████████ 」已完成註冊。

在向使用者顯示的 HTML 程式碼中使用這串網站金鑰。 ☑ 進一步瞭解用戶端整合

🔑 複製網站金鑰

用這串密鑰來建立網站和 reCAPTCHA 之間的通訊。 ☑ 進一步瞭解伺服器端整合

🔑 複製密鑰

前往設定　　　　前往 **ANALYTICS (分析)**

STEP 4 回到 **Wpform** 後台介面
Settings > CAPTCHA 選
擇中間的 **reCAPTCHA** 選
項，將兩組金鑰回填

hCaptcha　　reCAPTCHA　　None

Type	◉ Checkbox reCAPTCHA v2　　○ Invisible reCAPTCHA v2　　○ reCAPTCHA v3
Site Key	███████████████████████
Secret Key	███████████████████████
Fail Message	Google reCAPTCHA verification failed, please try again later.
	Displays to users who fail the verification process.

STEP 5 觀看下方出現預覽
效果

Preview

我不是機器人

reCAPTCHA
隱私權 - 條款

STEP 6 點選 Save Settings

Save Settings

STEP 7 回到 All Forms 點選欲編輯的表單，並點選 reCAPTCHA

Google Checkbox v2 reCAPTCHA has been enabled for this form. Don't forget to save your form!

OK

STEP 8 出現了啟用標誌

STEP 9 點選上方 **SAVE** 按紐完成設定

STEP 10 至網頁前台填表表單將
會顯現如右圖：我不是
機器人的核選方框

類似的外掛有：Contact Form 7。

03/

Visual Portfolio, Photo Gallery & Posts Grid – 作品集畫廊

Visual Portfolio, Photo Gallery & Posts Grid

立即安裝　　更多詳細資料

Modern photo gallery and portfolio plugin with advanced...

開發者: nK

搜　　尋 外掛 / 安裝外掛 / 搜尋關鍵字 🔍 Visual Portfolio。

Visual Portfolio 畫廊可創建漂亮、乾淨且功能強大的照片畫廊和作品集佈局，用於作品展示、畫廊流動佈局，燈箱效果，且有融合影片展示效果，支援各種佈局畫廊。例如，Masonry 砌體、Justified、Tiles 瓷磚、Grid 網格和 Carousel 滑塊等。

安裝後，在編輯文章或頁面時，插入網頁元件將會增加以下選項。

插入不同風格樣式的相片圖庫廊效果。

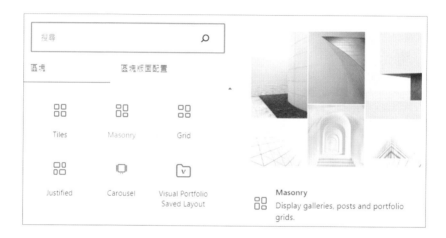

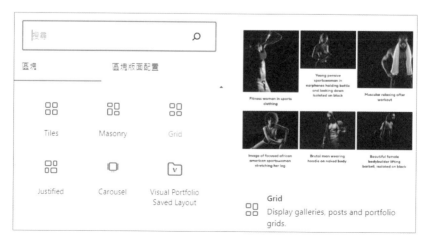

範例實作

1. 選擇插入影像圖檔。

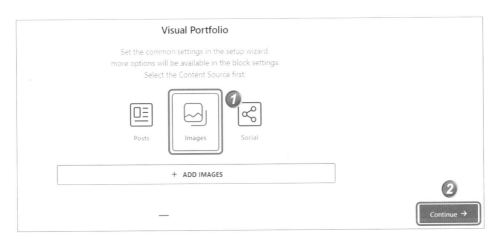

2. 選擇前端呈現的互動風格樣式。

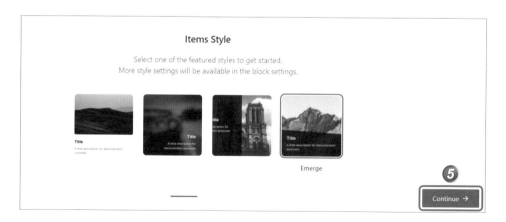

3. 進階選項設置。

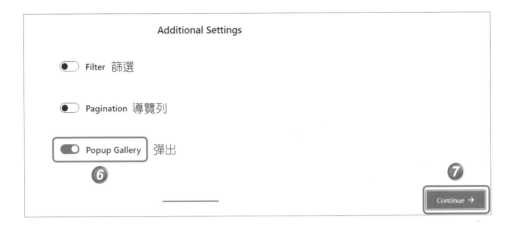

4. 最終完成前台網頁顯示畫面。

在左方主選單列中可找到 Visual Protfolio
選項，Portfolio Items 預設內有多筆範
例資料。

點選 **Portfolio Items** 作品集項目的 **Add New** 按鈕來增加文件。

在螢幕畫面右側設定精選圖片即為代表圖片。

按照同樣的方法可產生多筆文件。

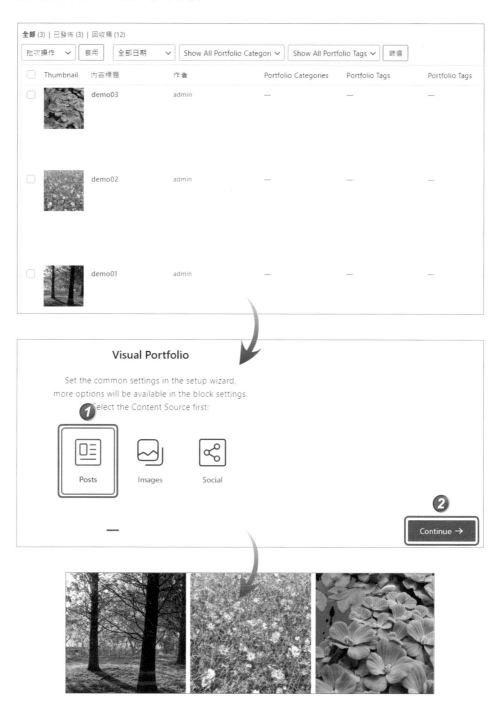

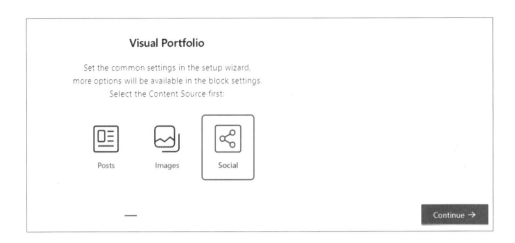

連結社群資料須為付費版才提供。

類似的外掛

Content Views – Post Grid & Filter for WordPress – 內容網格顯示及管理

搜　　尋 外掛 / 安裝外掛 / 搜尋關鍵字 Content Views – Post Grid & Filter for WordPress。

簡　　介 文章前台用網格型態呈現，支援響應式瀏覽介面（手機、平板電腦、筆記本電腦）。

啟動位置 安裝後，在左方主選單列中可找到 Content Views 選項。

3 個簡單的步驟

第1步 過濾你想要顯示的任何文章（選項可以為：ID、類別、標籤、作者、關鍵字、狀態）。

第 2 步 選擇漂亮的網格或列表佈局來顯示你的文章。

第 3 步 將創建的網格區塊對應的短代碼貼至到要顯示文章的任何位置。

簡單說就是透過將文章或頁面進行篩選,產生對應短碼,插入短碼即可轉換為格狀排列呈現。

勾選如下列圖所示。

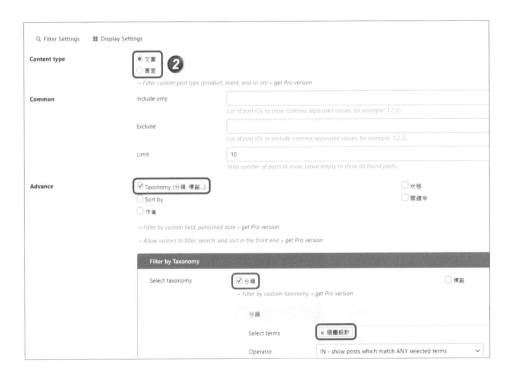

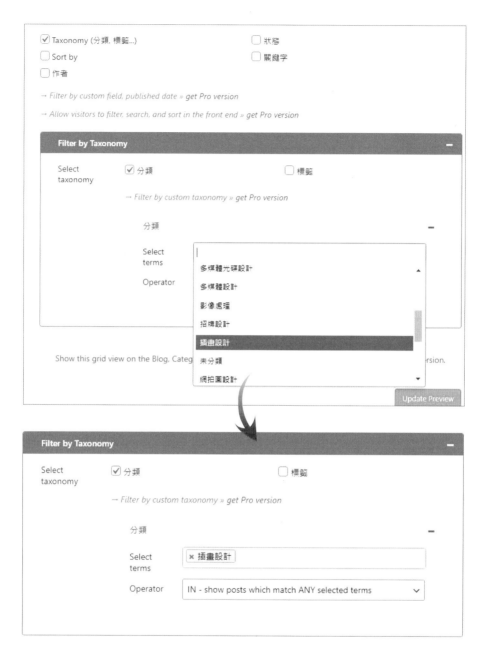

完成後會產生對應的短碼。

勾選分類，輸入文章或是頁面分類，系統即會撈選該分類資料庫中的文章或頁面，請於出現分類關鍵字下拉時再選擇該分類。

Display Settings 標籤頁可設定版面排列的方式。

標題	插畫設計

Enter a name to identify your views easily.

🔍 Filter Settings　▪▪ **Display Settings**　**③**

Layout
　　　◉ Grid
　　　◯ Collapsible List
　　　◯ Scrollable List

　　　Items per row　　[3]　　1 → 12

　　　→ More amazing layouts (Pinterest, Timeline...) » get Pro version

Responsive
　　　Items per row (Tablet)　[2]　　1 → 4

　　　Items per row (Mobile)　[1]　　1 → 4

Format
　　　◉ Show thumbnail & text vertically
　　　◯ Show thumbnail on the left/right of text

Fields settings
　　　☑ Show Thumbnail
　　　☑ Show Title

在列表頁中，可看到各個分類的短碼。

測試插畫設計作品

[/] 短代碼

[pt_view id="fe07083o9p"]

這是前端網頁顯示的樣子。

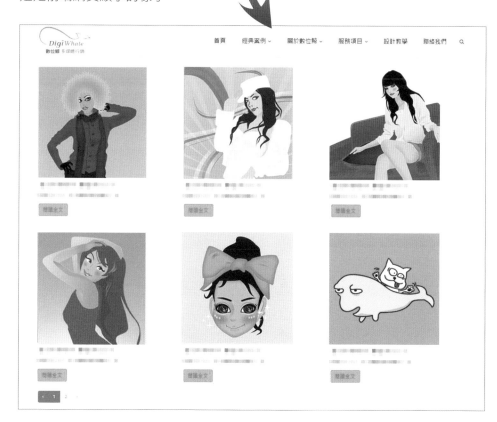

05/ Flexy Breadcrumb – 麵包屑

Flexy Breadcrumb

立即安裝   更多詳細資料

Flexy Breadcrumb is a super light weight plugin that is...

開發者: *PressTigers*

搜　　尋　外掛 / 安裝外掛 / 搜尋關鍵字 🔍Flexy Breadcrumb。

簡　　介　在網頁內增設網站架構路徑，對用戶在網站瀏覽時不迷路，也對 SEO 優化有幫助，通過 [flexy_breadcrumb] 短代碼在你網站的任何位置顯示路徑麵包屑導航。

啟動位置　安裝後在左邊選單即可找到。

⏩ Flexy Breadcrumb

🏠 Home　/　Library　/　**Data**

🏠 Home　/　Blog　/　**Reset WordPress Database**

🏠 Home　/　2017　/　January　/　**31**

🏠 Home　/　**Search**: News

🏠 Home　/　**Shop**

🏠 Home　/　**Error 404**

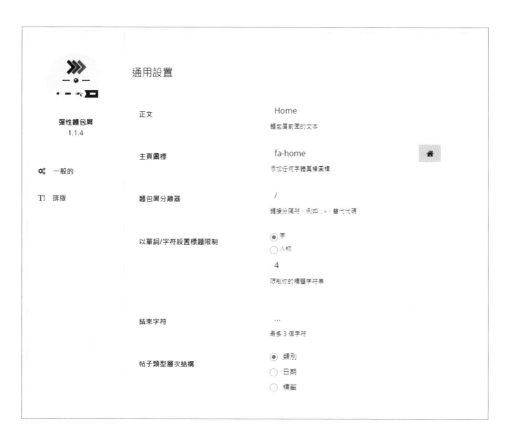

可直接在 header.php 設置。

```php
<?php echo do_shortcode('[flexy_breadcrumb]'); ?>
```

輸入短碼。

```
[flexy_breadcrumb]
```

前端網頁呈現為下方所顯示。

備註：All in One SEO 也提供此麵包屑功能。

但若 Jetpack Boost 設定啟用 CSS 載入最佳化，可能會造成以上路徑的網頁畫面跑掉錯位的情況！

> ● **CSS 載入最佳化**
>
> 將重要樣式資訊移至頁面起始位置，能夠讓頁面更快顯示網站內容，使用者便不必等待載入整個頁面。這些重要樣式資訊通常稱為關鍵 CSS。

06/ TranslatePress – Multilingual – 網站多語系版本

Translate Multilingual sites – TranslatePress

啟用　更多詳細資料

Translate your entire site directly from the front-end ...

開發者: Cozmoslabs, Razvan Mocanu, Madalin Ungureanu, Cristophor Hurduban

【搜　尋】外掛 / 安裝外掛 / 搜尋關鍵字 🔍 TranslatePress。

【簡　介】提供整站文字資料翻譯，與所有主題和插件完全相容，支援手動和自動翻譯，使用短碼 [language- switcher]、WP 選單或作為浮動下拉選單將語言切換器放置在任何地方。

透過外觀 / 選單，將語言切換顯示於選單列中核選。

Language Switcher ▲

最新發佈　檢視全部　搜尋

☐ Opposite Language
☑ Current Language
☐ Japanese
☐ English

☐ 全部選取　　　　　　　新增至選單

 在左方選單點選設定項目，選擇 TranslatePress 做設定。

TranslatePress

General	Translate Site	Automatic Translation	Addons	License	Advanced

Default Language　　　English (United States) ▼

Select the original language of your content.

在前端網頁將出現供選擇預設語系。　　

Menu item 為選單呈現方式，Flags 為國旗旗幟，代表國家可用簡寫或是完整國家英文。

在語系切換連結選擇出現國旗與否。

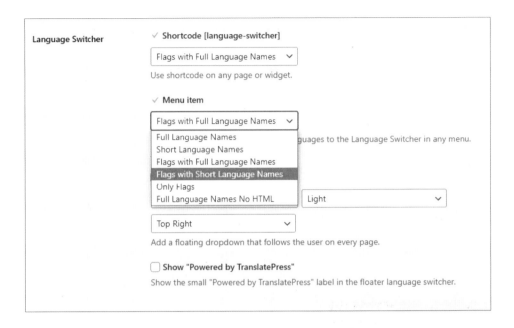

下拉選擇不同選項呈現不同的前端
網頁結果。

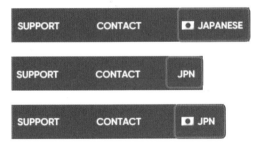

在 All Languages 設定語系，以下方為例新增英語及日語語系。

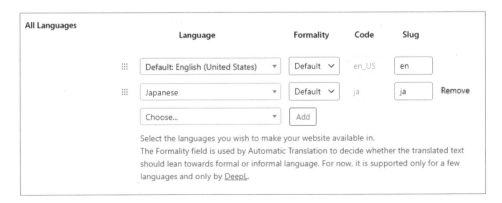

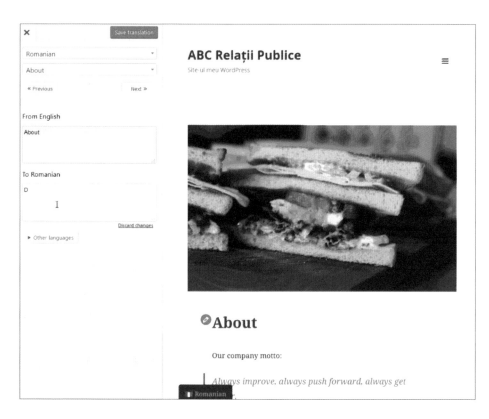

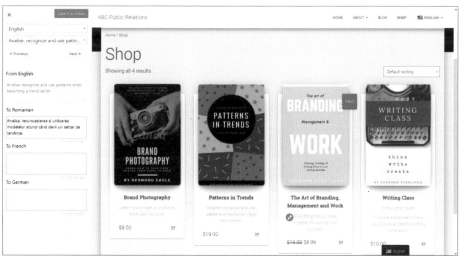

本章節圖片 & 範例資料來源：TranslatePress – Multilingual。

備註：另一款知名外翻譯外掛 WPML，為付費版，可做到對應圖片置換翻譯。

07

LoginPress - Customizing the WordPress Login Screen. – 客製化登入畫面，重新設計打造 WordPress 無聊的登入頁面

搜　　尋 外掛 / 安裝外掛 / 搜尋關鍵字 🔍LoginPress。

簡　　介 非常直覺簡易使用的一個客製化登入畫面，可置換後台登入的 LOGO、背景及其他客製化的按鈕、顏色、框線、位置距離等設定。

啟動位置 安裝後，在左方主選單列中可找到 LoginPress 選項，可置換登入時的 LOGO、背景、按鈕顏色等。

請先點選自訂選項。

本章節圖片 & 範例資料來源：LoginPress - Customizing the WordPress Login Screen.

可置換 LOGO 及背景、按鈕、字體風格及顏色樣式，升級付費版將提供多種版型主題風格。

08

TablePress – 表格建置

TablePress

立即安裝　　更多詳細資料

使用者不需學習撰寫任何程式碼，便能將美觀且功能完整的表格戴入網站的文章及頁面。

開發者: Tobias Bäthge

搜　　尋 外掛 / 安裝外掛 / 搜尋關鍵字 🔍 TablePress。

簡　　介 輕鬆快速建立表格，並可提供使用者針對表格欄位進行類似 EXCEL 的排序功能。

啟動位置 安裝後，在左方主選單列中，可找到 TablePress 選項。

每一個表格都會有對應的短代碼，供文章或是頁面嵌入。

表格資訊		∧ ∨ ▲
表格 ID:	1	短代碼: [table id=1 /]
表格名稱:	價目表	
內容說明:		
最後修改:	2022 年 09 月 13 日 17:46:26，製表者: 數位鯨	

▍新增表格

如需新增表格，請在下方表單中輸入表格名稱、內容說明 (選填)、資料列及資料行的數量。

新增表格後仍可隨時變更表格名稱、內容說明、資料列及資料行的數量。

新增表格

表格名稱:

價目表

表格的名稱或標題。

內容說明 (選填):

外送飲料價格

表格的內容說明。

資料列列數:　　　　　資料行行數:

5　　　　　　　　　　5

表格中橫向資料列的數　表格中直向資料行的數
量。　　　　　　　　　量。

新增表格

橫向欄位可以上下拖拉調整順序。

	A ▲ ▼	B ▲ ▼	C ▲ ▼	D ▲ ▼	E ▲ ▼
	品項	價格			
1 ☐					1
2 ☐	紅茶	30			2
3 ☐	綠茶	30			3
4 ☐	美式咖啡	40			4
5 ☐	拿鐵	50			5
	☐	☐	☑	☐	☐

表格操作 ∧ ∨ ▲

| 插入連結 | 插入圖片 | 進階編輯器 |

合併儲存格： | 同一資料行 (rowspan) | 同一資料列 (colspan) | 說明 |

選取的資料列： | 隱藏 | 顯示 |

選取的資料行： | 隱藏 | 顯示 |

選取的資料列： | 複製 | 插入 | 刪除 |

選取的資料行： | 複製 | 插入 | 刪除 |

新增 1 個資料列 新增

新增 1 個資料行 新增

預覽 ✕

這是選取的表格的預覽。由於表格會套用目前使用的佈景主題的 CSS 樣式表，因此表格在網站前端的外觀可能與目前的預覽有所不同。預覽表格時，不提供 DataTables JavaScript 函式庫功能及對應的顯示。

如需將這個表格插入頁面、文章或 [文字] 小工具中，請複製短代碼 **[table id=1 /]** 並在編輯器中貼上。

品項	價格
紅茶	30
綠茶	30
美式咖啡	40
拿鐵	50

勾選 DataTable JavaScript，將提供前台有表格排序、篩選功能。

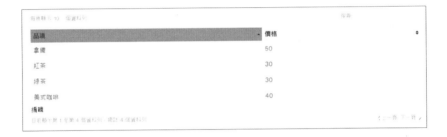

前端網頁呈現結果。

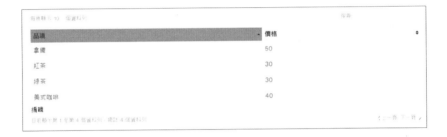

▍匯出表格

可將表格匯出成 EXCEL 格式。

匯入表格

可在外部編輯後將表格匯入。

優化網站及行銷應用

Jetpack – WP 安全性、備份、速度和成長工具

Jetpack – WP 安全性、備份、速度和成長工具

⚡ **Jetpack**

立即安裝　　更多詳細資料

運用備份和惡意軟體掃瞄等強大的一鍵式工具，提升你的 WP 安全性。取得基本免費工具，包括統計資料、CDN 和...

開發者: Automattic

搜　　尋 外掛 / 安裝外掛 / 搜尋關鍵字 🔍 Jetpack。

簡　　介 為 WP 官方開發的外掛，內含 WordPress 安全性、效能、行銷、設計等工具，能夠加強保護 WP 網站安全、提升網站速度並協助增加網站流量。

啟動位置 安裝後在左邊主選單列中可找到 Jetpack 選項。

（一）安裝

需綁定一組信箱帳號。

設定 Jetpack 以啟動必要的 WordPress 安全性和效能工具

按一下「設定 Jetpack」按鈕，即表示你同意我們的服務條款，並同意與 WordPress.com 分享詳細資料。

設定 Jetpack

全年無休的安全防護

- 透過自動掃描，一鍵修正和垃圾郵件防護功能，讓你得以預防安全性威脅。
- 即時備份可保存每一項變更，單鍵還原功能則讓你的網站即便發生意外，也能快速還原回上線狀態。
- 提供免費防護遭暴力攻擊，並在網站中斷服務時立即傳送通知。

內建效能

- 透過我們的免費全球 CDN 讓訪客能以極快速度載入頁面，讓比能他們在你的網站多加停留。
- 提升你的行動網站速度，並自動降低頻寬使用量。
- 透過個人化搜尋體驗，提高訪客參與度與銷售額。

超過 5 百萬個 WordPress 網站一致信任 Jetpack 能保障網站安全和效能。

暫時不要，要謝你。

正在完成設定

Jetpack 正在完成設定

正在以 ████ ██████████████
身分連接

連結你的網站，即代表你同意分享詳細資料給
WordPress.com 和 ██

核准

還有疑問嗎？

開始使用免費版本，隨後升級到我們的進階版產品。

開始使用 Jetpack 免費版

（二）儀表板

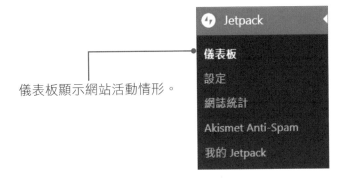

儀表板顯示網站活動情形。

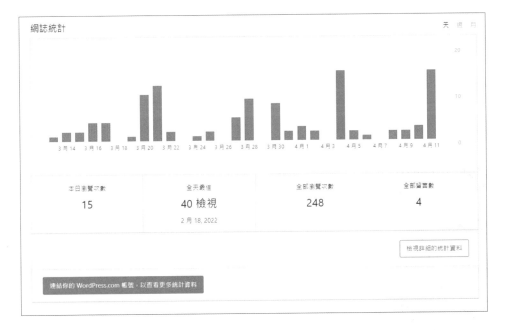

（三）效能

① 在左方選單選擇設定 / 效能

全部啟用網站加速器與起用延緩載入圖片功能。

（四）分享

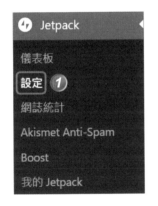

前台將顯示

分享此文：

Twitter   Facebook

（五）流量

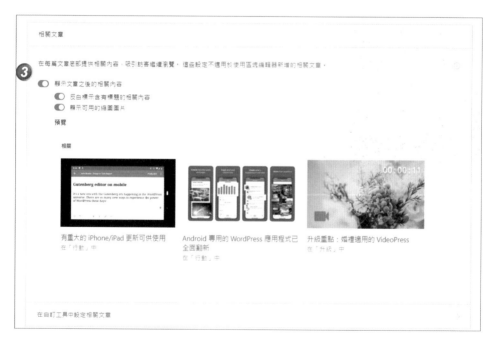

以上圖片來源：Jetpack – WP。

啟用顯示文章之後的相關內容，可以增加其他文章曝光率與點選率有利 SEO 優化。

（六）我的 Jetpack

在最左邊的選擇我的 Jetpack。

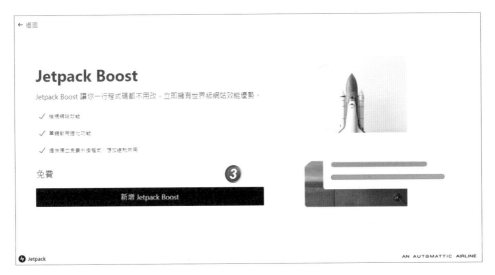

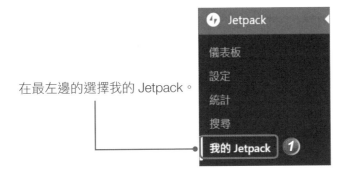

Get faster loading times
with Jetpack Boost

Connect Jetpack Boost and we will make your site faster in no time.

- ✅ Speed up your site load time
- ✅ Improve your SEO ranking
- ✅ Decrease bounce rate of your visitors
- ✅ Sell more stuff

Get Started

By clicking the button above, you agree to our Terms of Service and to share details with WordPress.com.

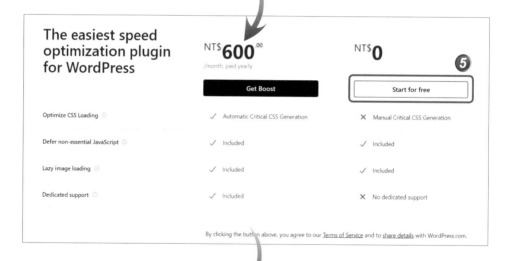

提升了網站連線速率。

備註：以上設定有可能會與版型或其他外掛衝突，造成前台圖片消失或其他無法匹配的情況。

優化 CSS 加載。

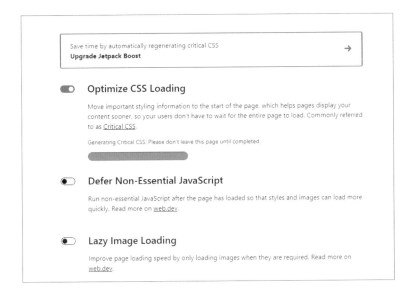

設定後有效提升整體分數。

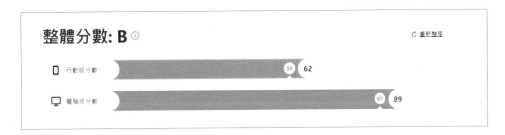

02 WordPress Related Posts Thumbnails – 相關文章縮圖

搜　　尋　外掛 / 安裝外掛 / 搜尋關鍵字 🔍 WordPress Related Posts。

簡　　介　承上節 Jetpack 同樣可以設置相關文章的外掛，文章分類、標籤自動幫你產生相關文章連結。

啟動位置　左方選單將新增項目為此外掛名稱。

在編輯文章或頁面時開啟區塊插入器 ────

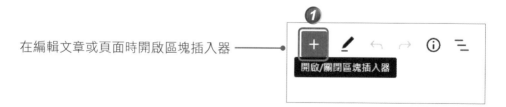

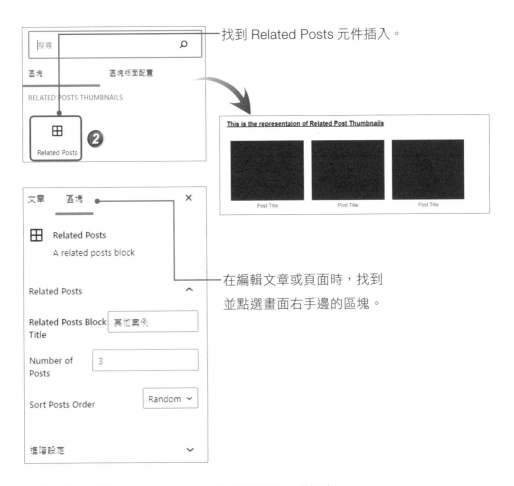

找到 Related Posts 元件插入。

在編輯文章或頁面時，找到
並點選畫面右手邊的區塊。

點選左邊主選單的 Related Posts 設定選項進一步設定。

03 / EWWW Image Optimizer – 圖片最佳化

搜　　尋　外掛 / 安裝外掛 / 搜尋關鍵字 🔍 EWWW Image Optimizer。

簡　　介　造成網站連線品質過慢的因素，往往在於圖片佔用過大的空間。
除了事先利用影像軟體壓縮外，另外推薦安裝圖片瘦身外掛模組來
解決這個問題。此外掛安裝數超過百萬，是很熱門的一組圖片優化
外掛。

啟動位置　安裝後先至外掛選項下方選取設定，另外也可在工具中可找到，此
選項 EWWW Image Optimizer。

選擇外掛名稱下方的 Settings ●━━━━━━━

勾選下選項：Speed up your site 加快你的網站、
Stick with free mode for now 免費模式。

☐ **EWWW Image Optimizer**
Settings 停用

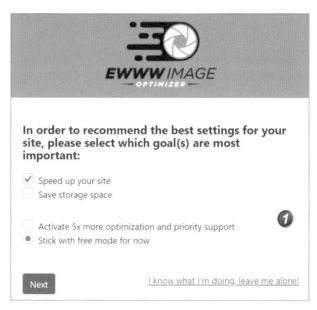

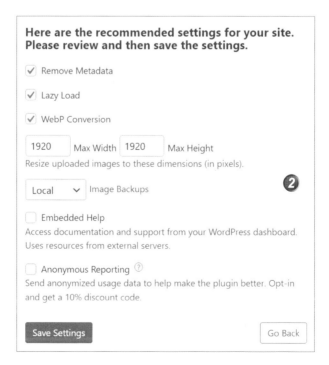

New uploads will be optimized automatically. Optimize existing images with the Bulk Optimizer. ⑦

You may also use List View in the Media Library to selectively optimize images or WP-CLI to optimize your images in bulk:

`wp help ewwwio optimize` ⑦ ❸

Done

前往媒體庫選項，這邊可以一張一張優化在安裝外掛之前已上傳到網站的圖片，或者你也可點選整批優化功能。

Image Optimizer	File Size
22 sizes to compress Image Size: 719.6 KB Optimize now! | PNG to JPG	719.58 KB
14 sizes to compress Image Size: 290.4 KB Optimize now! | PNG to JPG	290.37 KB
20 sizes to compress Image Size: 1.6 MB Optimize now! | PNG to JPG	1.60 MB

可在媒體庫中看到每張圖檔對應
影像大小估算統計。

優化後顯示檔案壓縮大小的變化百分比。

Image Optimizer	File Size
Resized to 1920w x 948h	719.58 KB
22 sizes compressed (+)	
Reduced by 15.9% (344.5 KB)	
WebP: 212.7 KB	
Re-optimize | PNG to JPG	
Restore original	

另也可選擇類似的外掛，但須注意兩套外掛是互相衝突的，有可能無法同時並
存！

這裡順便再介紹幾個網站。

● 線上壓縮圖片及轉換圖片格式的網站

1. JPEG Optimizer - Compress and Resize Your JPEG Images
   🌐 網址：https://jpeg-optimizer.com/

2. Intelligent image compression and optimization app | TinyIMG
   🌐 網址：https://tiny-img.com/

3. Imagify
   🌐 網址：https://app.imagify.io/

4. TinyPNG – Compress WebP, PNG and JPEG images intelligently
   🌐 網址：https://tinypng.com/

5. Free Online Image Optimizer · Kraken.io
   🌐 網址：https://kraken.io/web-interface

6. Image and PDF Compression for Website
   🌐 網址：https://www.imagerecycle.com/

7. Compressor.io - optimize and compress JPEG photos and PNG images
   🌐 網址：https://compressor.io/

8. PNG Image Online Optimizer
   🌐 網址：https://ezgif.com/optipng

9. Jpeg.io | Convert any major image format into a highly optimized JPEG
   🌐 網址：https://www.jpeg.io/

10. Squoosh
    🌐 網址：https://squoosh.app/

11. Kraken.io Image Optimizer · Kraken.io
    🌐 網址：https://kraken.io/

Optimus – WordPress – 圖片最佳化

Optimus –
WordPress 圖片最佳
化程式

立即安裝

更多詳細資料

在上傳的過程中有效壓縮及最
佳化圖片，並提供可靠的自動
智慧型處理。

開發者: KeyCDN

★★★★☆ (68)

啟用安裝數: 50,000+

最後更新: 5 個月前

✔ **相容**於這個網站的 WordPress 版本

搜　　尋 外掛 / 安裝外掛 / 搜尋關鍵字 🔍Optimus。

簡　　介 安裝 Optimus 外掛，會自動壓縮所上傳文件的大小。根據圖像和格式
的不同，尺寸最多可縮小 70%，Optimus 付費版 Optimus HQ 支持將圖
像轉換為新的 WebP 圖像格式。免費版本可處理之最大文件大小 100kb。

啟動位置 安裝後，可在左方工具選單中找到 Optimus all images 選項。

Optimus 批次最佳化程式可以為目前 WordPress 媒體庫中尚未壓縮的全部圖片進行壓縮。

由於免費版本有檔案大小限制，建議使用 Optimus HQ 執行圖片批次最佳化。

Optimus 在 *WordPress* 媒體庫中找到 **480** 張可以進行最佳化的圖片。

最佳化全部圖片 ②

系統會找到媒體庫中可進行最佳化圖片的數量，只要點選上方的按鈕便會開始進行最佳化全部圖片。

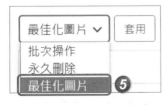

呈現圖檔優化後的百分比。

上傳日期	Optimus
2022 年 10 月 3 日	24%
2022 年 10 月 3 日	25%

05 / All in One SEO – 網站 SEO 優化

All in One SEO – Best
WordPress SEO Plugin –
Easily Improve SEO
Rankings & Increase
Traffic

已啟用　　更多詳細資料

The original WordPress SEO plugin.
Improve your WordPress SEO rankings
and traffic with our comprehensive
SEO tools and smart SEO
optimizations.

開發者: All in One SEO Team

外掛 / 安裝外掛 / 搜尋關鍵字 🔍 All in One SEO。

簡　　介 於 2007 年推出，通過網站 SEO 設置，來提高網站搜尋排名。

啟動位置 左方選項會新增 All in One SEO。

（一）儀表板觀看網站 SEO 數據統計

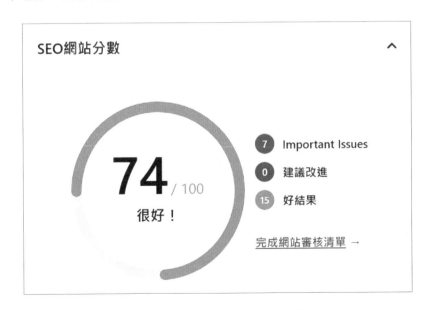

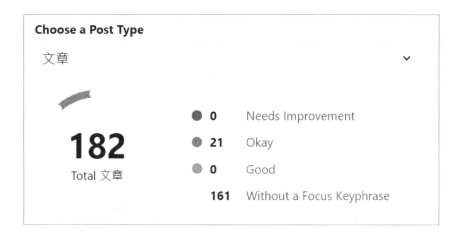

（二）插入麵包屑導覽列

在文章插入區塊選擇 AIOSEO Breadcrumbs。

前台網頁增加顯示路徑。

主頁 » 型錄設計 » 兩摺頁產品型錄設計

（三）搜尋外觀設定

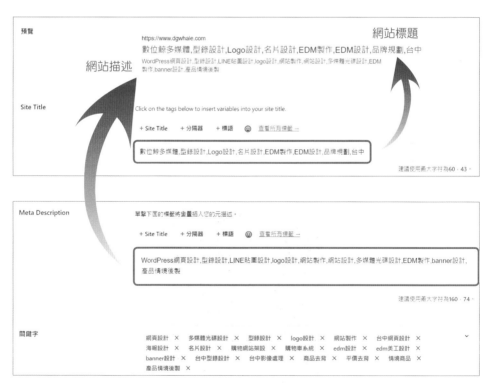

設定網站名稱。

設定網站 LOGO。

（四）網站地圖設定

在編輯文章或頁面時，找到以下編輯區塊。

逗號分開關鍵字，建議最多 160 字。

逗號分開關鍵字，建議最多 60 字。

06

Yoast SEO – 網站 SEO 優化

Yoast SEO

立即安裝

使用 Yoast SEO 外掛能改進
WordPress 網站的 SEO 成效，
協助作者撰寫更符合搜尋引擎
規則的內容，並能將
WordPress 網站進行完整搜尋
引擎最佳化。

更多詳細資料

開發者: Team Yoast

★★★★★ (27,512)　　　　　　　　**最後更新:** 1 週前

啟用安裝數: 5 百萬以上　　　　　✔ **相容**於這個網站的 WordPress 版本

搜　　尋 外掛 / 安裝外掛 / 搜尋關鍵字 🔍 Yoast SEO。

簡　　介 自 2008 年以來，Yoast SEO 已幫助全球數百萬網站在搜索引擎中得到
更高排名。

利用四種燈號的判別：灰色燈（未設定）、紅燈（不佳）、黃燈（須
修正）、綠燈（良好）來評比解析網站 SEO 優化程度。

啟動位置 安裝後在左方選單將會新增 Yoast SEO
項目。

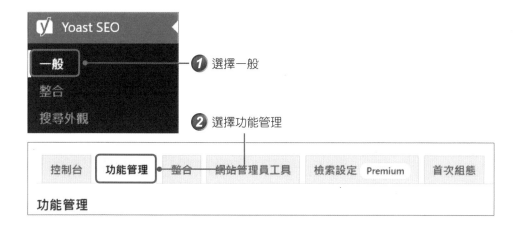

1 選擇一般

2 選擇功能管理

功能管理

（一）啟用 Sitemap

XML Sitemap ❓ 1

啟用由 Yoast SEO 產生的 XML Sitemap。 檢視 XML sitemap 進一步了解 XML Sitemap 對這個網站的重要性

2

開啟　關閉

XML Sitemap

Generated by **Yoast SEO**, this is an XML Sitemap, meant for consumption by search engines.

You can find more information about XML sitemaps on **sitemaps.org**.

This XML Sitemap Index file contains 9 sitemaps.

Sitemap	Last Modified
https://www.████████.com/post-sitemap.xml	2022-12-17 09:26 +00:00
https://www.████████.com/page-sitemap.xml	2022-12-20 03:05 +00:00
https://www.████████.com/product-sitemap.xml	2022-12-19 03:54 +00:00
https://www.████████.com/elementor-hf-sitemap.xml	2022-09-30 14:57 +00:00
https://www.████████.com/category-sitemap.xml	2022-12-17 09:26 +00:00
https://www.████████.com/post_tag-sitemap.xml	2022-05-12 13:21 +00:00
https://www.████████.com/product_cat-sitemap.xml	2022-12-19 03:54 +00:00
https://www.████████.com/product_tag-sitemap.xml	2022-12-19 03:54 +00:00
https://www.████████.com/author-sitemap.xml	2022-10-21 04:07 +00:00

前往 Google Search Console 提交 Sitemap。

點選上方請前往 Google Search Console 取得 Google 驗證碼。接著在 Google Webmaster Central 選取 HTML tag 選項，取得驗證碼後貼回這個欄位，記得回到 Google 下方按 VERIFY 驗證紐。完成驗證。

（二）Google 搜尋外觀設定

直接在編輯頁面時，可在下方找到 Google 搜尋結果預覽。

建議 SEO 標題輸入約 35 個中文字、Meta 描述約 80 至 100 個中文字，可利用
增加空白鍵，將有助於條 Bar 由橘轉綠。

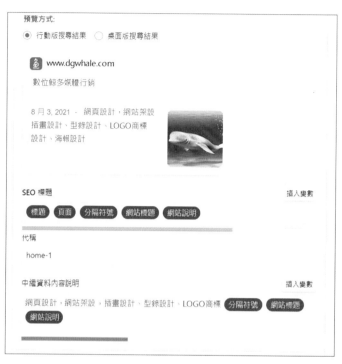

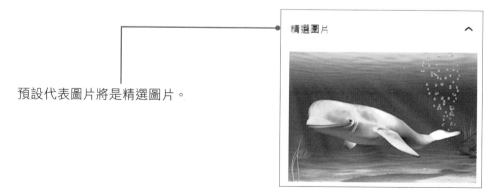

預設代表圖片將是精選圖片。

（三）Open Graph 開放圖譜設定

設定網站標題分隔符號。

設定網站名稱與上傳網站 LOGO。

一般　**內容類型**　媒體　分類法　彙整　導覽標記　RSS

The settings on **3** page allow you to specify what the default search appearance should be for any type of content you have. You can choose which content types appear in search results and what their default description should be.

皆用預設值即可。

文章 (post)　　　　　　　　　　　　　　　　　　　　　∧

Single 文章 settings

在搜尋結果中顯示 文章？　❓

　啟用　　　關閉

Show SEO settings for 文章?

　啟用　　　關閉

SEO標題　　　　　　　　　　　　　　　　　　Insert variable

標題　頁面　分隔器　網站標題

Meta 描述　　　　　　　　　　　　　　　　　Insert variable

內容摘要

07

Rank Math – 網站 SEO 優化

NEW 2022!

Rank Math SEO

Rank Math SEO is the Best WordPress SEO plugin combines the features of many SEO tools in a single package & helps you multiply your SEO traffic.

開發者: Rank Math

立即安裝

更多詳細資料

★★★★★ (5,022)

啟用安裝數: 1 百萬以上

最後更新: 5 天前

✔ **相容**於這個網站的 WordPress 版本

搜　　尋 外掛 / 安裝外掛 / 搜尋關鍵字 🔍Rank Math SEO。

簡　　介 2018 年推出的 SEO 外掛，為最新的 SEO 外掛！可一鍵導入其他 SEO 插件（Yoast SEO、AIO SEO）的設置，因此你不會丟失任何 SERP 排名。相容於頁面編輯器 Elementor SEO、Page Builder SEO。

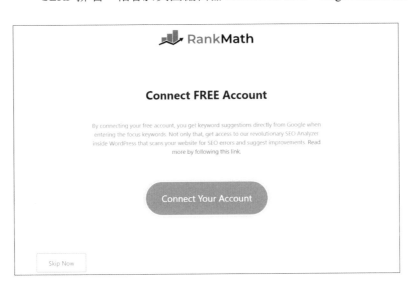

Connect FREE Account

By connecting your free account, you get keyword suggestions directly from Google when entering the focus keywords. Not only that, get access to our revolutionary SEO Analyzer inside WordPress that scans your website for SEO errors and suggest improvements. Read more by following this link.

Connect Your Account

Skip Now

（一）註冊一組連接帳戶

先連接一組你的帳戶。

可選擇既有的帳號：臉書、
Google、Wordpress 帳號作為
登入帳號，或是立即自建一組
帳號登入。

點選 OK,ACTIVATE NOW 現在立即啟用。

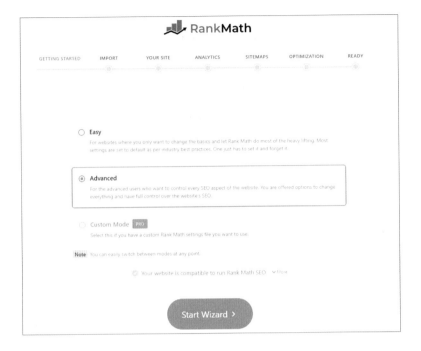

預設選項為 Advanced，立即點選開始系統嚮導精靈。

（二）跟隨嚮導精靈一步一步設定

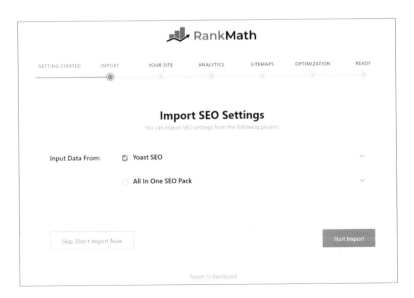

導入其他 SEO 外掛數據。

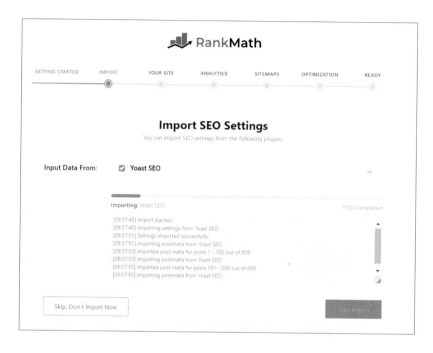

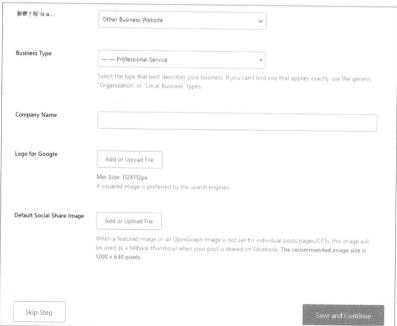

在此頁面輸入業務類型、網站名稱、網站別名、個人 / 組織名稱、默認社交分享圖片。

（三）將網站與 Google Search Console 和 Google Analytics 連接

它將驗證你的站點並自動提交站點地圖，即可在 Google Search Console 上驗證網站所有權，使用高級分析模塊跟踪頁面和關鍵字排名，無須使用其他第 3 方插件即可輕鬆設置 Google Analytics，自動將站點地圖提交到 Google Search Console。

網站地圖 SiteMap，也就是將網站的網頁儲存成 XML 格式供 Google 檢閱。這邊預設為開啟狀態。

建議可勾選下面這個 Open External Links in New Tab/Window，它會讓所有的外部連結都是以新視窗的方式來開啟。

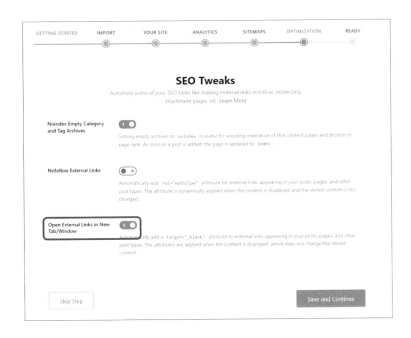

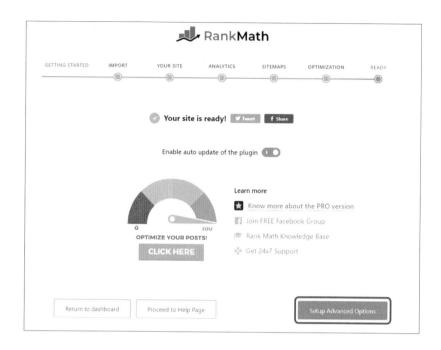

（四）設置進階選項

接下來出現其他畫面都保留預設值即可！

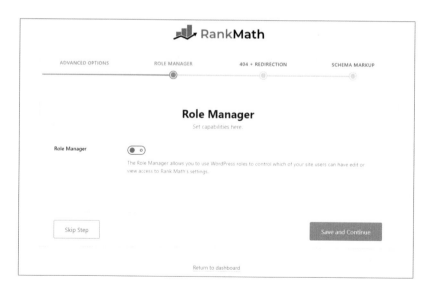

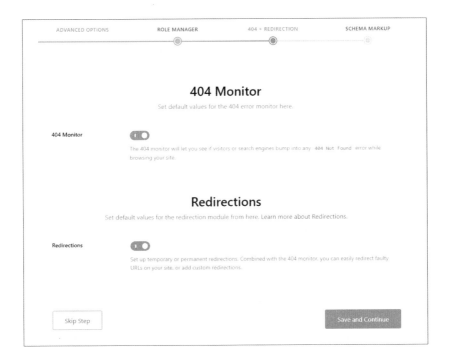

以上全部勾選。

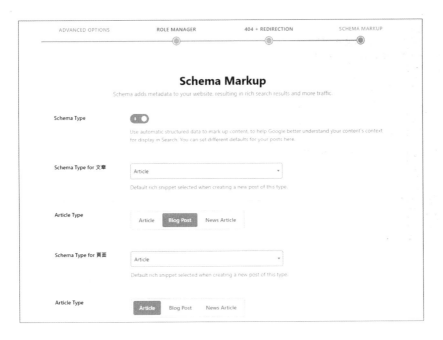

設置如上列畫面。

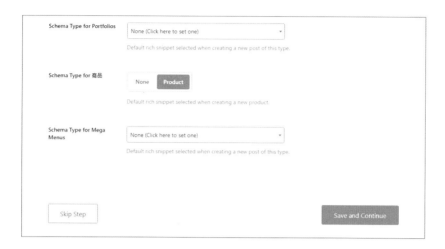

設置如上列畫面。

完成安裝設定後，SEO 功能羅列在如下圖所示的圖示區塊。有需要可再進一步去啟用與設定。

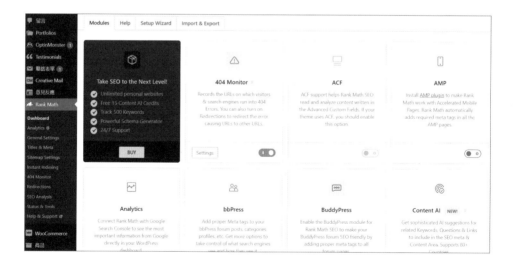

08 MonsterInsights – 網站活動監控

搜　　尋 外掛 / 安裝外掛 / 搜尋關鍵字 🔍MonsterInsights。

簡　　介 超過 300 萬的安裝量，可以快速將 WordPress 網站與 Google Analytics 正確串接起來。

提供了一個 WordPress 後台分析儀表板，顯示網站營運的分析報告。

通過升級版解鎖功能，了解訪問者如何透過 Google 找到你的網站。

諸如熱門 Google 搜索字詞、點擊次數、點擊率、平均成績排名等。

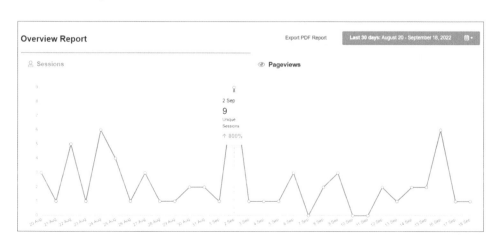

開發者：MonsterInsights。

安裝好，外掛會在左方主選單列出現。

（一）安裝

點選嚮導精靈一步一步設定。

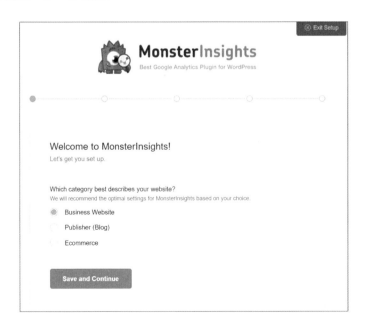

（二）連結 Google 帳戶

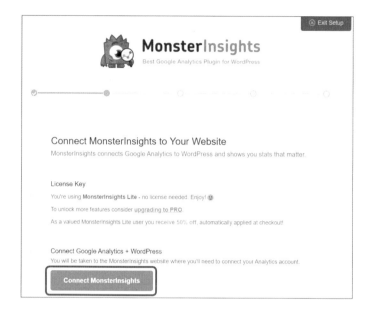

與 Google 帳號串聯。

Connect Google Analytics to Your Website

MonsterInsights connects Google Analytics to WordPress and shows you stats that matter

Pick a Profile for Ray's Blog

Choose the view you want MonsterInsights to use for your reports ⓘ

Can't find your site?

✓ I agree to receive important communications from MonsterInsights

Complete Connection   Cancel and return to Ray's Blog

Install Updates Automatically

Get the latest features, bug fixes, and security updates as they are released. ⓘ

Help Us Improve

Help us better understand our users and their website needs. ⓘ

Save and continue

---

eCommerce Tracking

Instantly enable enhanced eCommerce tracking, so you can measure conversions, sales, and revenue stats. Works with WooCommerce, Easy Digital Downloads, MemberPress, and more.

20+ Advanced Tracking

Get access to advanced tracking features like form conversion tracking, author tracking, custom dimensions, scroll tracking, and more.

Advanced Growth Tools

Get access to advanced growth tools such as popular posts addon, A/B testing tool, smart URL builder, and more.

Media Tracking

Track how your users interact with videos on your website.

Continue   Skip for Now →

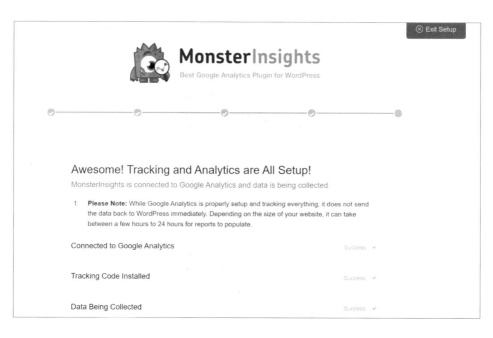

也可考慮升級付費的專業版。

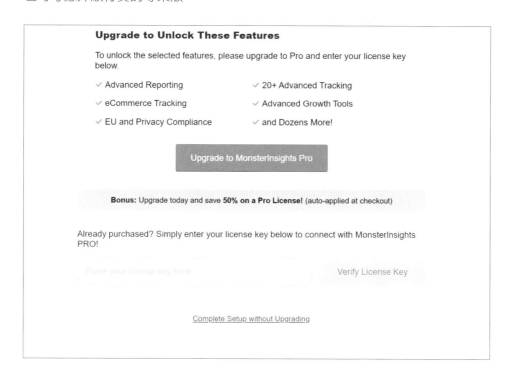

（三）觀看網站數據報表

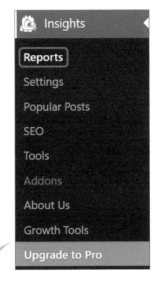

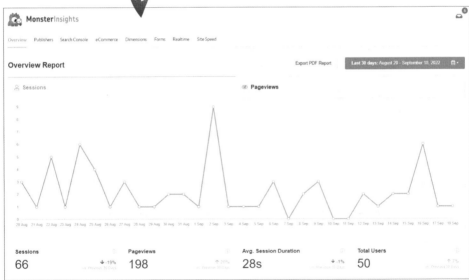

新訪客與回訪訪客。

新訪客與回訪訪客　　　　　　　　瀏覽網站的裝置

New vs. Returning Visitors

● New　　99%
● Returning　　1%

Device Breakdown

● Desktop　　49%
● Tablet　　2%
　 Mobile　　49%

Top 10 Countries

1	Taiwan	160
2	China	20
3	United States	18
4	(not set)	9
5	Ireland	2
6	Sweden	1
7	Vietnam	1

Top 10 Referrals

1	m.facebook.com	24
2	l.facebook.com	8
3	lm.facebook.com	7
4	facebook.com	4
5	connect.woocommerce.com	3
6	qburger.lightning.force.com	3
7	cato.brightcloud.com	1
8	mail.google.com	1

View Countries Report

View All Referral Sources

Top Posts/Pages ●————— 熱門文章 / 頁面

1		81
2		58
3		48
4		33
5		26
6		23
7		18
8		17
9		17
10		16

View Full Posts/Pages Report

Show　10　25　50

See Quick Links

Please rate MonsterInsights on ★★★★★ WordPress.org to help us spread the word. Thank you from the MonsterInsights team!

點選：控制台 / 首頁。

快速瀏覽網站活動情況報表：使用者數據、瀏覽量、平均工作階段時間長度等等。

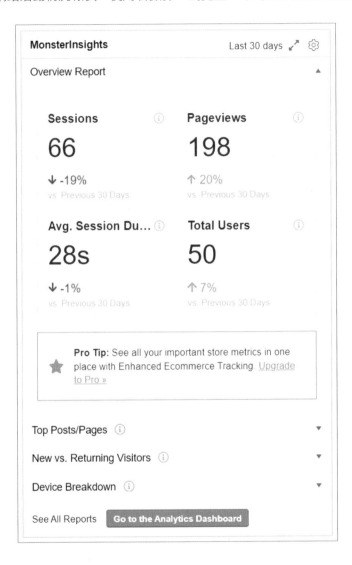

Widget for Social Page Feeds – 社群嵌入

搜　　尋　外掛 / 安裝外掛 / 搜尋關鍵字 🔍 。

簡　　介　下載量超過上百萬次，可嵌入精簡版臉書視窗，做好社群互動。支
援短代碼，在文章或頁面中，置入短碼 [fb_widget] 及生成。

啟動位置　安裝後在左邊主選單列中，外觀 / 小工具。

核選不同的項目設定，呈現不同的結果。

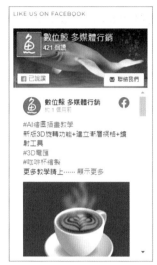

10 / 301 Redirects – 網頁重新指向

搜 尋 外掛 / 安裝外掛 / 搜尋關鍵字 🔍 301 Redirects。

簡 介 透過 Simple 301 Redirects 外掛，可將網站上的一個 URL 網址重定導
向到另一個 URL 網址。如果異動修改了某個頁面的 URL 網址，它
將會根據舊的 URL 網址並將其重定指向到新 URL 網址。可避免 404
error 的產生，不僅對網頁的 SEO 有幫助，對用戶體驗也有好處。

安裝後在左邊設定選項中可找到。

11 GA Google Analytics – 綁定 Google 分析

GA Google Analytics

立即安裝　　更多詳細資料

Adds your Google Analytics Tracking
Code to your WordPress site.

開發者: Jeff Starr

搜　　尋 外掛 / 安裝外掛 / 搜尋關鍵字 🔍 GA Google Analytics。

簡　　介 網站串接 GA Google Analytics 分析。

啟動位置 安裝後，在左方主選單列中，可找到 Google Analytics 選項。

在此之前則須先取得 GA Tracking ID。

🌐 前往網址：https://analytics.google.com/analytics/web/。

進入後台 / 管理 / 建立資源。

輸入資源名稱。

依網站情況提交問券。

選擇網站選項。

建立串流。

選擇手動安裝，找到並複製你的網站 id= 為你網站的專屬 ID。

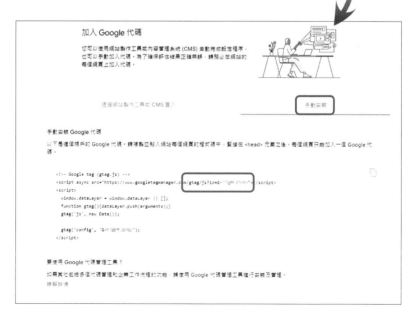

回 WordPress 網站後台，左邊選單的：設定選項找到 Google Analytics 貼入你的 ID。

Plugin Settings

GA Tracking ID

G-▮▮▮▮ ▮▮▮▮

Enter your Google Tracking ID. Show info

Tracking Method

- ● Google Tag / gtag.js (default)
- ○ Universal Analytics / analytics.js (deprecated. learn more)
- ○ Legacy / ga.js (deprecated)

點選 Save Changes 完成連結設定。

Custom Code Location ☐ Display Custom Code before the GA tracking code (leave unche

Admin Area ☐ Enable tracking in WP Admin Area (adds tracking code only: to

Admin Users ☐ Disable tracking of Admin-level users

More Options ◉ For advanced features, check out GA Google Analytics Pro »

Save Changes

12／ Facebook Chat Plugin - Live Chat Plugin for WordPress – 洽談外掛程式（線上通訊客服）

Facebook Chat Plugin –
Live Chat Plugin for
WordPress

立即安裝   更多詳細資料

The Facebook Chat Plugin makes it
easy for your website...

開發者: Meta

搜　　尋　外掛 / 安裝外掛 / 搜尋關鍵字 🔍 Facebook Chat Plugin。

簡　　介　安裝後網站將提供有線上客服聊天功能，可即時與網友互動，商機
不容錯過！本外掛必須先有對應臉書專頁的管理員。

啟動位置　在該外掛項目下方。

Facebook Chat Plugin Settings

Getting Started?

Let people start a conversation on your website and continue in Messenger. It's easy to set up. Chats started on your website can be continued in the customers' Messenger app, so you never lose connections with your customers. Even those without a Facebook Messenger account can chat with you in guest mode, so you can reach more customers than ever.

Setup Chat Plugin

Use of this plugin is subject to Facebook's Platform Terms

Having a problem setting up or using the Chat Plugin?

Please consult our Troubleshooting Guide.

If the troubleshooting steps in the guide do not solve your problem, please post in the plugin support forum.

目標 Facebook 粉絲專頁必須設有管理員角色，才能使用外掛程式。針對其他未顯示於此處的 Facebook 粉絲專頁，則應由目標 Facebook 粉絲專頁中擁有管理員角色的用戶完成設定。

下拉選單選擇，具管理權限的粉絲頁。

https://business.facebook.com/latest/inbox/settings/chat_plugin

設定自動化訊息回覆。

打造專屬的洽談外掛程式。

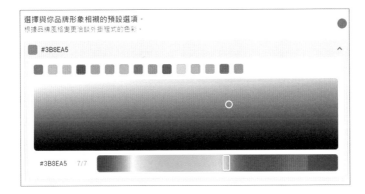

桌機版本與手機行動版本預覽切換。

發布後可在此設定訊息對話窗出現的位置頁面。

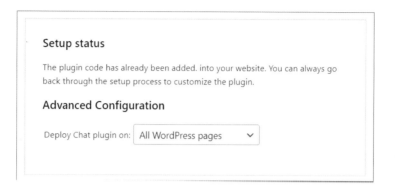

購物車系統

WooCommerce – 購物車系統

WooCommerce

立即安裝　　更多詳細資料

WooCommerce 是全世界最受歡迎的開放原始碼電子商務解決方案。

開發者: Automattic

搜　　尋 外掛 / 安裝外掛 / 搜尋關鍵字 🔍 WooCommerce。

簡　　介 當 WordPress 遇見 WooCommrece，讓網站華麗轉身，搖身一變成為購物網站。可結合第三方支付如綠界金流，達到線上刷卡、超商繳費等購物流程。

啟動位置

● 購物系統特色

- 貨幣設定。

- 關鍵字搜尋篩選產品。

- 產品上架、下架、編輯（分類管理、原價、特價設置、產品敘述、產品特色、圖片庫設置）。

- 產品進階設定（尺寸、價格、顏色、容量）。

- 價格欄位可標註特價（原價、折扣價設定）。

- 產品啟用與停用功能。

- 會員管理（基本資料管理）。

- 訂單管理（訂單報表、訂單狀態設定）。

- 第三方金流設置介接（綠界、歐付寶、超商條碼、超商取貨付款、信用卡分期）。

- 物流設定（郵局／宅配、超商取貨、綠界科技超商取貨）。

- 連結商品設置（你可能也喜歡——）。

- 專屬優惠券設置（配合名人推薦、網紅行銷）。

WooCommrece 同屬 WordPress 官方開發的外掛，因此系統匹配可以完美融合、無縫接軌。

（一）基礎設定

1. 前往 WooCommrece 選項／選擇設定／貨幣選項／選擇新台幣，小數點位數設為零。

2. 在上方標籤頁選項，選擇商品選項，可設定商品評論是否打開，提供用戶做評論功能。

3. 在上方標籤頁選項，選擇 > 運送方式選項。

4. 新增運送區域。

5. 通常可增加設定免費運送及單一費率兩個選項。

案例：設定消費滿 1200 元免運費。

案例：設定單一運費 60 元。

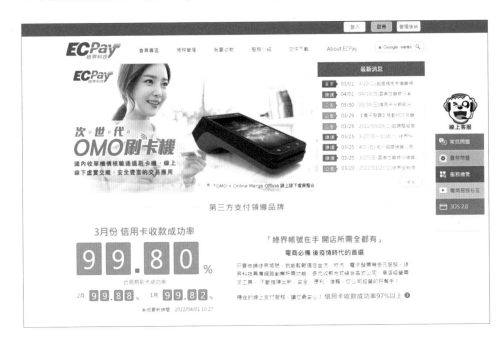

6. 需先前往至綠界科技：https://www.ecpay.com.tw/ 申請註冊一組帳號。

7. 取得金流及物流介接的商店編號、金鑰（Hash Key）及向量（Hash IV）碼。

8. 在上方標籤頁選項，選擇 > 付款選項。

綠界科技 ⊿

綠界科技是台灣線上購物最熱門的整合金流

啟用/停用	☑ 啟用
標題 ❓	綠界科技
說明 ❓	
特店編號(Merchant ID)	
金鑰(Hash Key)	
向量(Hash IV)	

付款方式

☑ 信用卡(一次付清)

☐ 信用卡(3期)（提醒：商店需先申請為綠界科技的特約會員才可使用此付款方式）

☐ 信用卡(6期)（提醒：商店需先申請為綠界科技的特約會員才可使用此付款方式）

☐ 信用卡(12期)（提醒：商店需先申請為綠界科技的特約會員才可使用此付款方式）

☐ 信用卡(18期)（提醒：商店需先申請為綠界科技的特約會員才可使用此付款方式）

☐ 信用卡(24期)（提醒：商店需先申請為綠界科技的特約會員才可使用此付款方式）

☐ 銀聯卡（提醒：商店需先申請為綠界科技的特約會員才可使用此付款方式）

☑ 網路ATM

☑ ATM

☑ 超商代碼

☑ 超商條碼

☑ Apple Pay

9. 信用卡分期須為特約會員才可啟用，需收系統設定費新台幣 5,000 元，最新制定價格將以綠界官網公告為主。

個人會員	商務會員	特約會員

全方位金流

系統設定費(單次)	5,000元						
服務費 (依合約年限收取)	10,000元 / 1年 17,000元 / 2年 22,500元 / 3年						
服務項目(每筆)	信用卡				非信用卡		
	一次付清	分期	銀聯卡	Apple Pay	ATM/網路ATM	超商代碼	超商條碼
手續費	依雙方議定				1% 最低30元	30元	15元
訂單建立金額 (含稅)	199,999元				49,999元	20,000元	20,000元
撥款天期	依核定天期撥款				付款後隔日		付款後2~5天
30日收款額度	依雙方議定						
提領手續費	15元/次 綁定永豐帳戶則可享有不限次提領手續費0元優惠。						
每月提領限制	依雙方議定						
備註	1.各服務細項，可參考全方位金流。 未手續費費率及提領皆為未稅價，最終結算費用需加收5%營業稅，實以帳驗單為計價基準，請詳閱公告。						

物流

系統設定費(單次)	5,000元				
服務費 (依合約年限收取)	5,000元 / 1年				
服務項目(每筆)	超商店到店-門市寄/取貨(C2C)				
	常溫				低溫/跨境
	7-ELEVEN	全家	萊爾富	OK	
純取貨運費	65元		55元		不支援
取貨付款運費					
取貨付款手續費	依雙方議定				
撥款天期	每日 ❶				
服務項目(每筆)	超商取貨-大宗寄倉(B2C)				
	常溫			低溫	跨境
	7-ELEVEN	全家	萊爾富		7-ELEVEN

10. 常用 WOOCOMMERCE 短代碼對照表。

[product_categories]	顯示產品分類
[product_categories number="0" parent="0"]	顯示最上層產品分類
[woocommerce_cart]	顯示購物車畫面
[woocommerce_checkout]	顯示結帳頁面
[woocommerce_my_account]	顯示用戶帳戶頁面
[woocommerce_order_tracking]	顯示訂單跟踪表單

11. 產生折價券。

WordPress 超實用必裝外掛 50 款

購物車

Home / 購物車

	商品	價格	數量	小計
✕	保濕精華液	NT$400	3	NT$1,200
✕	洗顏皂	NT$140	1	NT$140
✕	沐浴乳	NT$210	1	NT$210

折價券   使用折價券   更新購物車

8A6Z7HY9

購物車總計

小計	NT$1,220
折價券: 8a6z7hy9	-NT$500 [移除]
運送方式	◉ 單一費率: NT$60
	○ 綠界科技超商取貨: NT$60
	運送至 台中市。
	變更地址
總計	NT$780

前往結帳

（二）如何設定訂單電子郵件通知

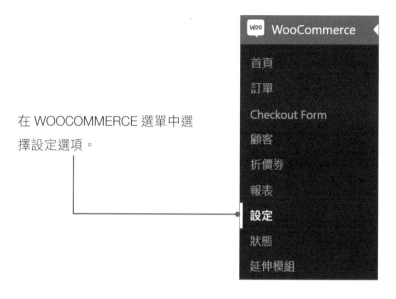

在 WOOCOMMERCE 選單中選
擇設定選項。

常用的分別可設置：新訂單、已取消訂單、失敗的訂單，可設定多組接收的信
箱，請用半形逗點隔開不同的管理者收件信箱。

（三）如何設定不同屬性選項的商品

名稱	代稱	類型	排序依	項目
顏色	顏色	Image	自訂排序	科技灰,湖藍 豆沙粉,藏青 咖啡金
樣式	樣式	Button	自訂排序	規劃項目 **單人,雙人** 加大,特大 規劃項目
材質	材質	Image	自訂排序	**聚酯纖維,羊毛** **蠶絲** 規劃項目

設定商品材質、顏色不同屬性。

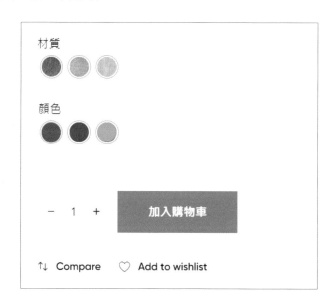

❑ 編輯商品 / 商品資料 / 屬性

│**方法一**│ 直接在商品編輯頁中，自訂商品屬性，商品資料下拉選擇可變商
品、點選新增、輸入名稱、用符號 | 區隔不同屬性。

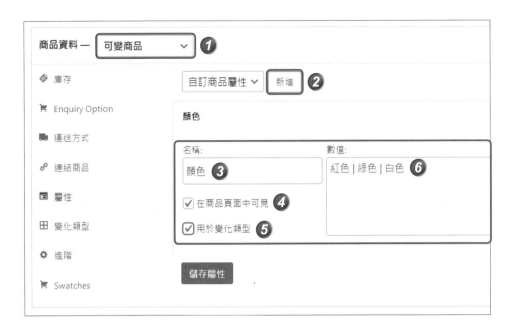

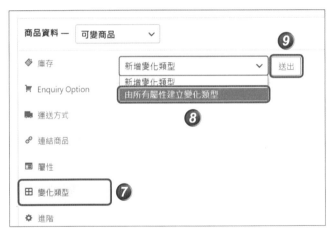

需為每個屬性標示價格，所以根據不同的屬性也可標示不同的價格。

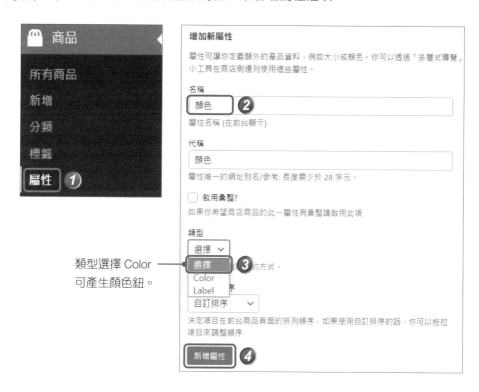

方法二 │ 透過主選單中的商品 / 屬性，來新增屬性選項。

名稱	代稱	類型	排序依	項目
顏色 編輯 | 刪除	顏色	Color	自訂排序	— 規劃項目

備註：安裝外掛：Variation Swatches for WooCommerce。

可以讓屬性類型增加可上傳圖片或按鈕型態呈現。

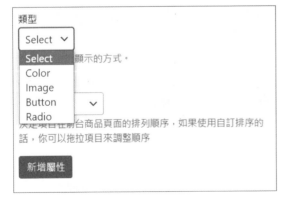

選擇規劃項目新增顏色品項。

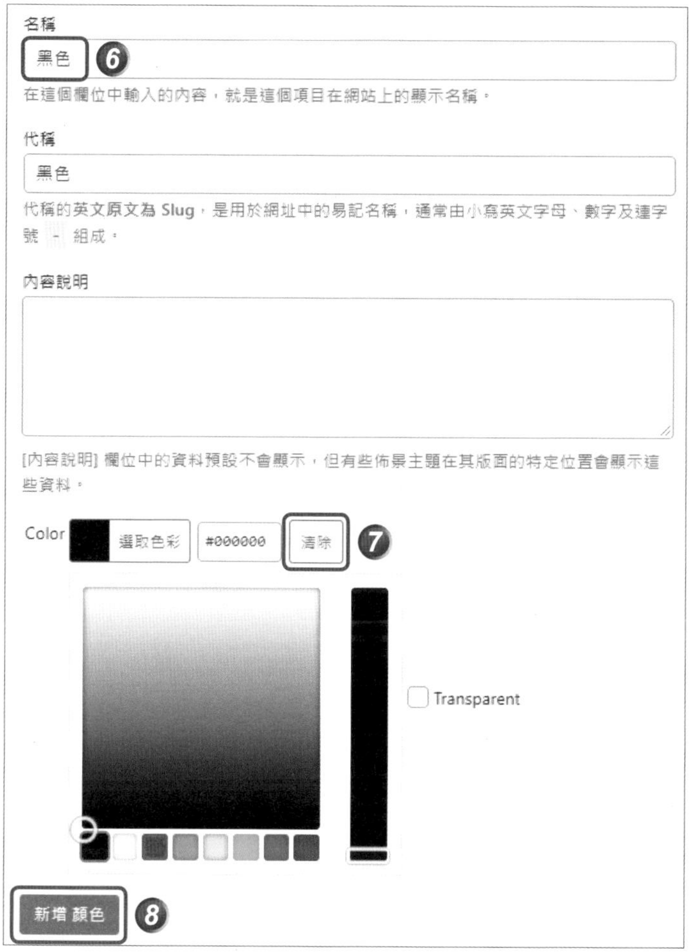

名稱

黑色 **⑥**

在這個欄位中輸入的內容，就是這個項目在網站上的顯示名稱。

代稱

黑色

代稱的英文原文為 Slug，是用於網址中的易記名稱，通常由小寫英文字母、數字及連字號 - 組成。

內容說明

[內容說明] 欄位中的資料預設不會顯示，但有些佈景主題在其版面的特定位置會顯示這些資料。

Color ［ ］ 選取色彩 #000000 清除 **⑦**

☐ Transparent

新增 顏色 **⑧**

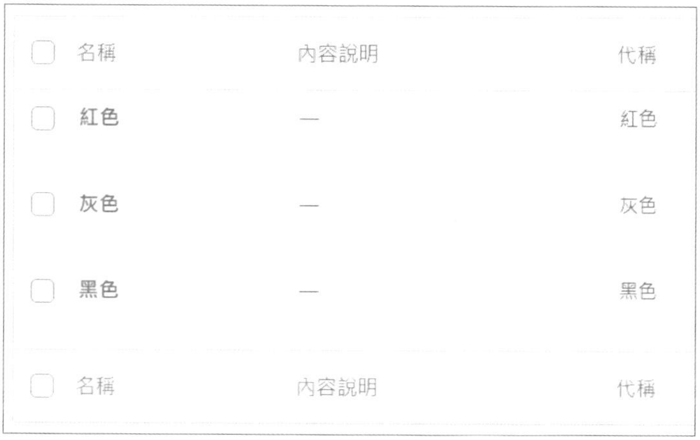

☐ 名稱	內容說明	代稱
☐ 紅色	—	紅色
☐ 灰色	—	灰色
☐ 黑色	—	黑色
☐ 名稱	內容說明	代稱

以上完成了三個顏色屬性的規劃。

編輯商品資料。

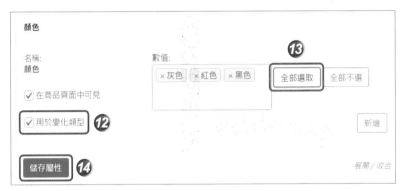

記得要按儲存屬性。

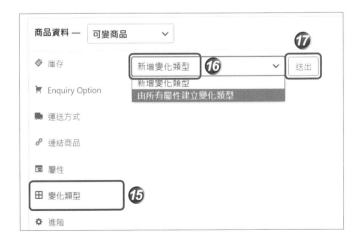

你確定要連結所有的變化項目嗎?這將會為每個可能的變化項目組合建立一個變化屬性 (每次執行最多 50 個)

18 確定　取消

3 變化類型已新增

19 確定

預設表單值: ❓ 沒有預設 顏色... ∨

新增變化類型　∨　送出　　　3 變化類型 (展開 / 收合)

3 個商品變化項目沒有標示價格。 未標示價格的商品變化項目 (及其屬性) 將不會顯示在你的商店中。

#4048　灰色　∨

#4049　紅色　∨

#4050　黑色　∨

儲存設定　取消　　　3 變化類型 (展開 / 收合)

前台網頁顯示結果將會增加顏色選項供顧客選擇。

★★★★★ （目前沒有評價。）

NT$3,380

貨號: **8240**

顏色:

🛍 加入購物車

3. 商品屬性選項也可運用在多件優惠設置。

（四）綠界金流及物流介接

將分別有兩個綠界模組需要安裝：

綠界金流及綠界物流，需先註冊成為綠界會員，接著至綠界後台取得金鑰。

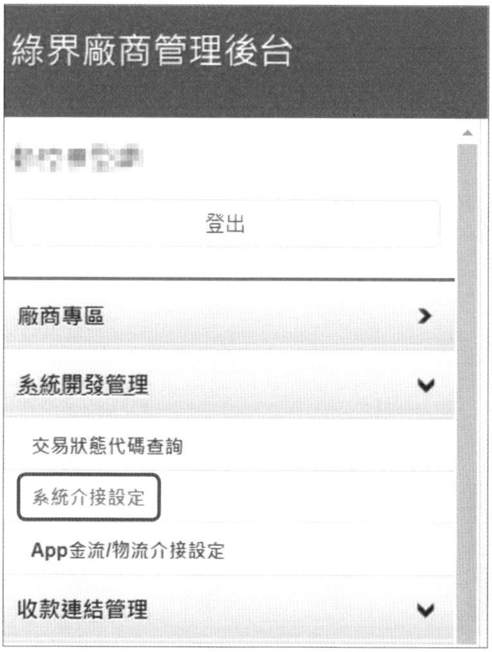
綠界廠商管理後台
登出
廠商專區
系統開發管理
交易狀態代碼查詢
系統介接設定
App金流/物流介接設定
收款連結管理

需通過身分及銀行帳號驗證方可開通金流服務。

基本資料
提前驗證相關證件，日後提領更方便！
身分證件驗證
立即驗證
銀行帳號設定
立即設定
商店設定
商店名稱：　依倍絲寢具生活館

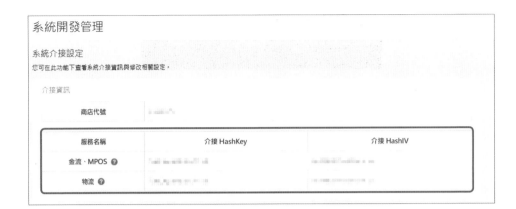

ECPay Payment for WooCommerce

| 立即安裝 | 更多詳細資料 |

綠界科技金流外掛套件

開發者: ECPay Green World FinTech Service Co., Ltd.

☆☆☆☆☆ (0)

啟用安裝數: 4,000+

最後更新: 5 個月前

尚未與這個網站的 WordPress 版本進行相容性測試

STEP 1 金流模組安裝

| 一般 | 商品 | 運送方式 | **付款** | 帳號及隱私權 | 電子郵件 | 整合 | 進階 |

❷

Payment Methods

下方列出已安裝的付款方式，你可以透過排序來控制資料在前台的顯示順序。

	方法	啟用	描述	
☰ ∨	銀行轉帳	⬤	透過 BACS 親自收款。 更常見的說法是銀行/轉帳/電匯。	管理
☰ ∧ ∨	支票付款	⬤	透過支票親自收款。這個離線開通亦可用於測試購買項目，相當實用。	完成設定
☰ ∧ ∨	貨到付款	⬤	讓你的顧客在收到貨物的時候以現金 (或其他方式) 付款。	管理
☰ ∧ ∨	綠界科技超商取貨付款	⬤	若使用綠界科技超商取貨，請開啟此付款方式	管理
☰ ∧ ∨	綠界科技	⬤	綠界科技是台灣線上購物最熱門的整合金流	管理
☰ ∧	綠界科技定期定額	⬤	若使用綠界科技定期定額，請開啟此付款方式	完成設定

❸ **❹**

綠界科技 ♫

綠界科技是台灣線上購物最熱門的整合金流

啟用/停用	**❺** ☑ 啟用
標題	❓ 綠界科技
說明	❓
特店編號(Merchant ID)	▨▨▨▨▨
金鑰(Hash Key)	**❻** ▨▨▨▨▨▨▨▨
向量(Hash IV)	▨▨▨ ▨▨▨▨ ▨▨

最後按儲存設定按鈕完成設定。

運費設定（單一費率、免運費）

■ 單一費率

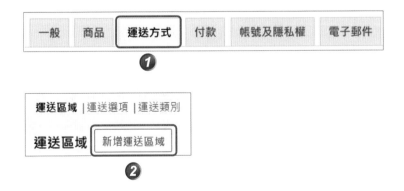

運送區域是某些運送方法及費率適用的地理區域。

例如:

- ○ 本地地區 = 加州郵遞區號 90210 = 當地取貨

- ○ 美國國內區域 = 所有美國境內州別 = 均一運費

- ○ 歐洲地區 = 歐洲任何國家/地區 = 均一運費

依需求新增區域，客戶只會看到其地址可用的方法。

新增運送區域

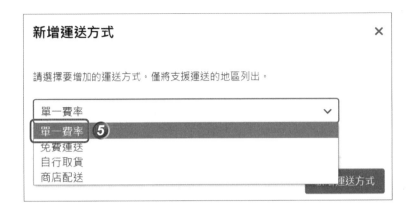

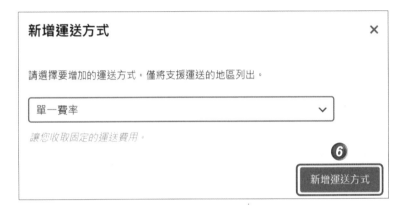

完成單一費率設定如下：

區域名稱 ❓	台灣
區域中的地區 ❓	×台灣
	限制為特定郵遞區號

運送方式 ❓	標題	啟用	描述
	≡ 單一費率 編輯｜刪除	⬤	單一費率 讓您收取固定的運送費用。
	新增運送方式		

■ 免運費設置

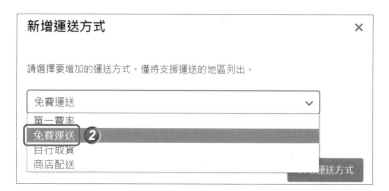

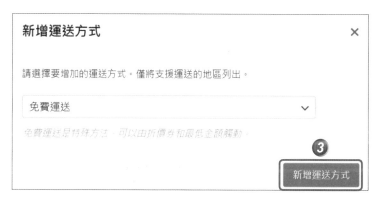

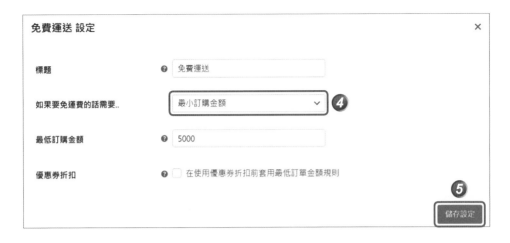

完成免運費設定如下：

範例畫面：最終前台結帳顯示畫面。

■ 超商取貨付款物流模組安裝

ECPay Logistics for WooCommerce

立即安裝　更多詳細資料

綠界科技物流外掛套件

開發者: ECPay Green World FinTech Service Co., Ltd.

☆☆☆☆☆ (0)

啟用安裝數: 2,000+

最後更新: 1 年前

尚未與這個網站的 WordPress 版本進行相容性測試

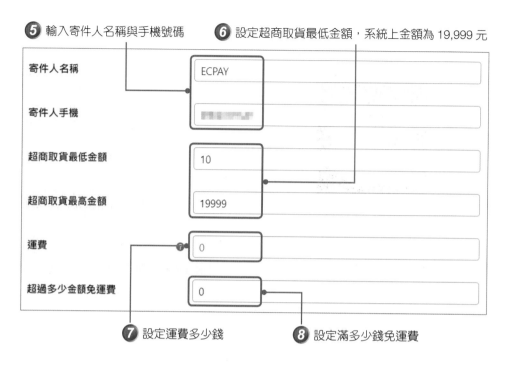

⑤ 輸入寄件人名稱與手機號碼　　**⑥** 設定超商取貨最低金額,系統上金額為 19,999 元

寄件人名稱	ECPAY
寄件人手機	
超商取貨最低金額	10
超商取貨最高金額	19999
運費	0
超過多少金額免運費	0

⑦ 設定運費多少錢　　**⑧** 設定滿多少錢免運費

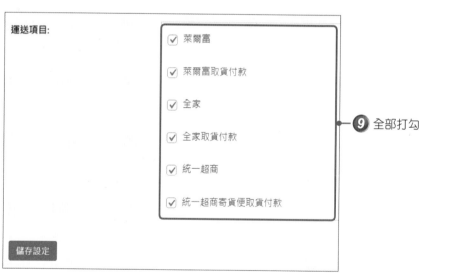

運送項目:

- ☑ 萊爾富
- ☑ 萊爾富取貨付款
- ☑ 全家
- ☑ 全家取貨付款
- ☑ 統一超商
- ☑ 統一超商寄貨便取貨付款

⑨ 全部打勾

儲存設定

範例畫面：最終前台超商取貨付款結帳頁面。

（五）中文化

🌐 Poedit，軟體下載：https://poedit.net/

然後去主機網站後台路徑下載 woocommerce-zh_TW.po

路徑位置：wp-content/languages/plugins/

透過上方軟體存成 mo 格式檔

覆蓋到原來的 wp-content/languages/plugins/ 目錄下的檔案。

安裝 Poedit-3.2-setup.exe

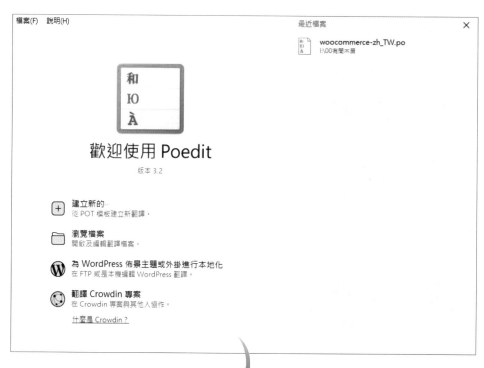

注意：若找不到中文化的地方，通常是使用的版型模板（佈景主題）造成的，可前去版型尋找語法。

可連線至 FTP 或主機後台佈景主題的目錄位置：/wp-content/themes 內佈景主題下載回來用網頁編輯軟體搜尋關鍵字來置換該英文字串。

02 Product Pre-Orders for Woocommerce – 預購系統

Product Pre-Orders for WooCommerce

立即安裝   更多詳細資料

Product Pre-Orders for WooCommerce is an effective tool...

開發者: VillaTheme

搜　　　尋 外掛 / 安裝外掛 / 搜尋關鍵字 🔍 Product Pre-Orders。

簡　　　介 提供了商品預購的功能選項。

啟動位置 在該外掛項目下方。

☐ **Preorders for WooCommerce**

1 停用 [Settings] Pro Version

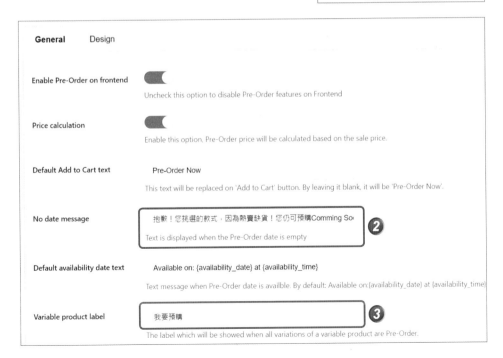

General　　Design

Enable Pre-Order on frontend

Uncheck this option to disable Pre-Order features on Frontend

Price calculation

Enable this option, Pre-Order price will be calculated based on the sale price.

Default Add to Cart text　　Pre-Order Now

This text will be replaced on 'Add to Cart' button. By leaving it blank, it will be 'Pre-Order Now'.

No date message　　抱歉！您挑選的款式，因為熱賣缺貨！您仍可預購Comming So **2**

Text is displayed when the Pre-Order date is empty

Default availability date text　　Available on: {availability_date} at {availability_time}

Text message when Pre-Order date is availble. By default: Available on:{availability_date} at {availability_time}

Variable product label　　我要預購 **3**

The label which will be showed when all variations of a variable product are Pre-Order.

在產品編輯頁面勾選 Pre-order 方塊。

設定預購的時間點及修該預購按鈕的文字內容，預設為：Pre-Order Now。

在所有商品列表中,在下拉選單找到 Pre-Order。

有設定預購,在前台網頁端即可看到 PRE-ORDER NOW 按鈕。

03 / Checkout Field Editor for WooCommerce – 精簡化結帳表單

Checkout Field Editor (Checkout Manager) for WooCommerce

立即安裝　更多詳細資料

Checkout Field Editor (Checkout Manager) for WooCommerce - The best WooCommerce checkout manager plugin to customize checkout fields on your WooCommer ...

開發者: ThemeHigh

搜　尋 外掛 / 安裝外掛 / 搜尋關鍵字 🔍Checkout Field 。

簡　介 解決預設結帳表單欄位過於複雜。

以下為預設表單，欄位很冗長複雜。

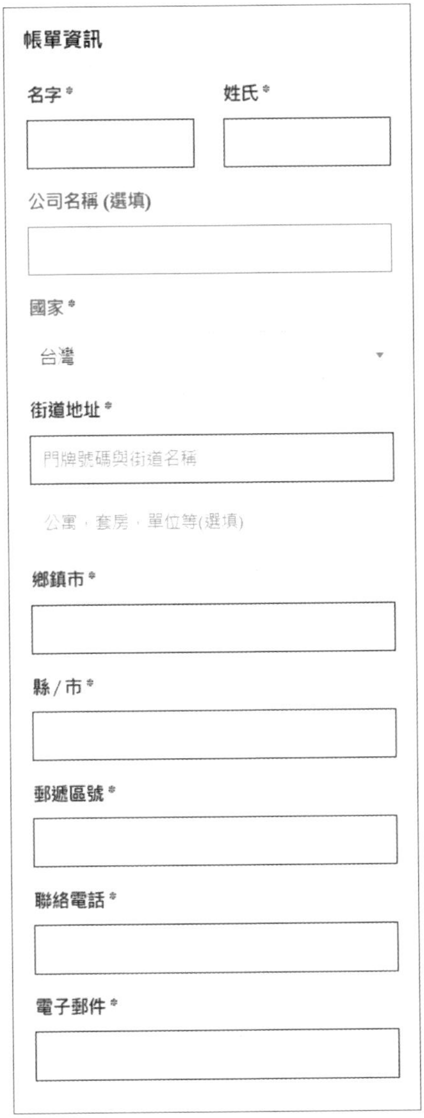

帳單資訊

名字 *

姓氏 *

公司名稱 (選填)

國家 *

　台灣

街道地址 *

門牌號碼與街道名稱

公寓、套房、單位等(選填)

鄉鎮市 *

縣 / 市 *

郵遞區號 *

聯絡電話 *

電子郵件 *

啟動位置 安裝後，在左方主選單列中，可找到 WooCommerce 選項中，可找到 Checkout Form。

Billing Fields 為結帳表單。

Disable 為隱藏欄位。

		Name	Type	Label	Placeholder
≡	☐	billing_first_name		名字	
≡	☐	billing_last_name		姓氏	
≡	☑	billing_company		公司名稱	
≡	☑	billing_country	country	國家/地區或區域	
≡	☐	billing_address_1		街道地址	門牌號碼與街道名稱
≡	☑	billing_address_2		Apartment, suite, unit, etc.	公寓、套房、單元等(選填)
≡	☑	billing_city		鄉鎮市	
≡	☑	billing_state	state	縣／市	
≡	☑	billing_postcode		郵遞區號	

Shipping Fields 為運送到不同地址的表單。

精簡化的欄位呈現，解決了姓及名分開的問題，精簡化欄位將較符合台灣消費者輸入，並隱藏了多餘的欄位。也大大提高結帳過程。

透過隱藏 Disable 設定，前端網頁欄位將更為精簡。

Shipping Fields 對應到以下這個表單：運送到不同地址的表單。

運送到不同的地址? ☑

名字 *

姓氏 *

公司名稱 (選填)

國家/地區或區域 *

台灣　　　　　　　　　　　　　　　　　　　　　　　　　　▾

街道地址 *

公寓、套房、單元等(選填)

鄉鎮市 *

04／Password Strength Settings for WooCommerce – 帳號登入密碼強度設置

Password Strength
Settings for
WooCommerce

立即安裝　　　更多詳細資料

為 WooCommerce 網站擁有者提供網
站密碼強度要求的額外控制權。

開發者: Daniel Santoro

搜　尋 外掛 / 安裝外掛 / 搜尋關鍵字 🔍Password Strength 。

簡　介 WooCommerce 預設的密碼規範是高強度的，強制用戶使用強密碼。但經常反而造成使用者在註冊帳號時的麻煩，使用這個外掛，你可以在五個密碼級別之間進行選擇，例如從「任何密碼」到「僅限強密碼」。

啟動位置

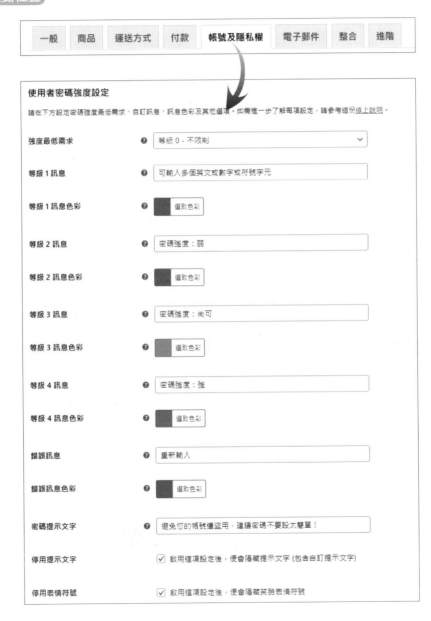

05

Social Login, Social Sharing by miniOrange – 社群登入

WordPress Social Login and Register (Discord, Google, Twitter, LinkedIn)

立即安裝　更多詳細資料

Social Login with Discord, Facebook, Google, Twitter, L...

開發者: miniOrange

搜　尋 外掛 / 安裝外掛 / 搜尋關鍵字 🔍 Social Login。

簡　介 利用社群平台權限串接，免申請帳號，通過臉書、LINE、Google 帳號，即可直接登入後台。

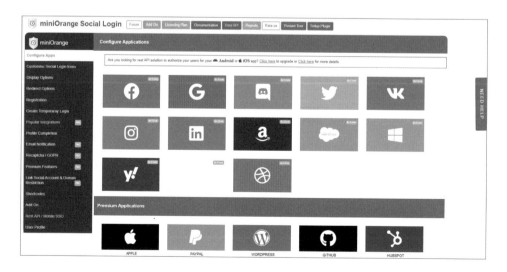

完成設定後,即可透過不同的社群平台帳號,來登入網站,尤其是有做購物系統的網站推薦可以使用,節省網友繁瑣的註冊流程並大幅增加網站的購買率!

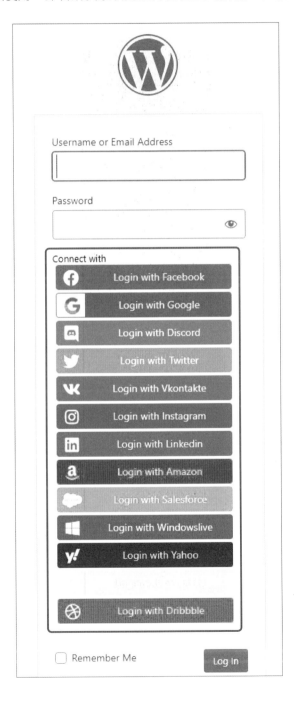

安裝後，在左方主選單列中，可找到選項。

在這個畫面中啟用欲作為登入的社群平台帳號種類，以下教學將以啟用 Google
登入帳號為例。

設定跨平台串接

▌ Google 登入設定

🌐 前往網址：https://console.cloud.google.com/

點選 console.developers.google.com

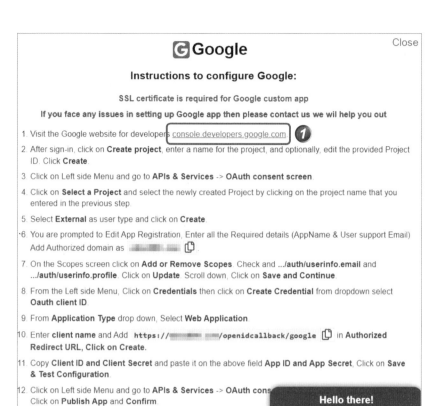

選擇 + 建立專案。

輸入專案名稱，點選建立。

應用程式資訊

這項內容會顯示在同意畫面中,可協助使用者瞭解您及與您聯絡

應用程式名稱 *

要求同意的應用程式名稱

使用者支援電子郵件 *

方便使用者與您聯絡,洽詢同意聲明相關事宜

⑩

應用程式標誌 | 瀏覽

將可協助使用者確認應用程式的圖片上傳至同意畫面。系統允許的圖片格式為 JPG、PNG
和 BMP,且大小不得超過 1 MB,為取得最佳成效,請使用大小為 120 x 120 px 的正方形標
誌。

編輯應用程式註冊申請

應用程式首頁

向使用者提供您的首頁連結

應用程式隱私權政策連結

向使用者提供您的公開隱私權政策連結

應用程式服務條款連結

向使用者提供您的公開服務條款連結

授權網域 ❷

如要在同意畫面或 OAuth 用戶端的設定中使用網域,必須先在此處預先註冊該網域。如果應用程
式需要進行驗證,請前往 Google Search Console 查看網域是否已獲授權,進一步瞭解授權網域
限制。

❶ 缺少網域:

⑪

十 新增網域

開發人員聯絡資訊

電子郵件地址 * ⊗

Google 會透過這些電子郵件地址,在專案有任何異動時通知您。

⑫

儲存並繼續　取消

其他頁面保留預設值儲存並繼續。

https:// 你的網址 .com/openidcallback/google

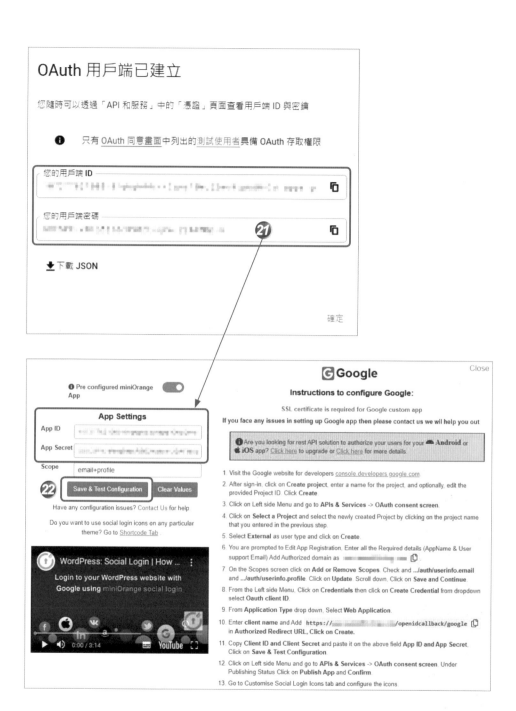

最終出現以下訊息。

App credentials has been saved sucessfully.

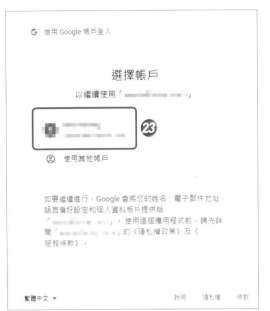

按右上方關閉 CLOSE 按鈕完成設定，即完成並啟用跨平台 Google 登入設定。

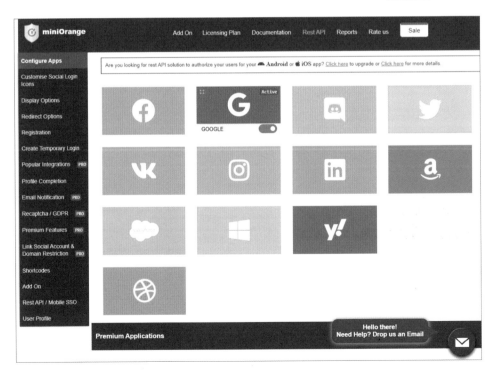

前台使用者登入即會增加 Google 登入按鈕。

▌ FaceBook 登入設定

以啟用 FaceBook 登入帳號為例。

前往網址：https://developers.facebook.com/apps/

FACEBOOK

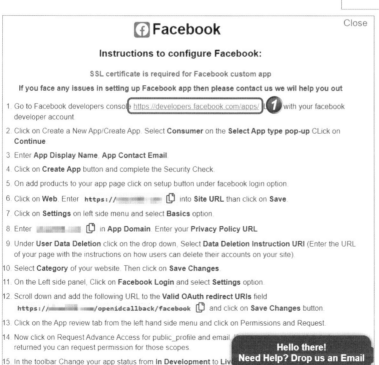

☐ Facebook   Close

Instructions to configure Facebook:

S S L certificate is required for Facebook custom app

If you face any issues in setting up Facebook app then please contact us we wil help you out

1. Go to Facebook developers console https://developers.facebook.com/apps/ ❶ with your facebook developer account.

2. Click on Create a New App/Create App. Select **Consumer** on the **Select App type pop-up** CLick on **Continue**

3. Enter **App Display Name**, **App Contact Email**.

4. Click on **Create App** button and complete the Security Check.

5. On add products to your app page click on setup button under facebook login option.

6. Click on **Web**. Enter **https://▓▓▓▓ ▓▓▓** into **Site URL** than click on **Save**.

7. Click on **Settings** on left side menu and select **Basics** option.

8. Enter **▓▓▓▓▓▓** in **App Domain**. Enter your **Privacy Policy URL**

9. Under **User Data Deletion** click on the drop down, Select **Data Deletion Instruction URI** (Enter the URL of your page with the instructions on how users can delete their accounts on your site).

10. Select **Category** of your website. Then click on **Save Changes**.

11. On the Left side panel, Click on **Facebook Login** and select **Settings** option.

12. Scroll down and add the following URL to the **Valid OAuth redirect URIs** field
    https://▓▓▓▓ ▓▓▓/openidcallback/facebook and click on **Save Changes** button.

13. Click on the App review tab from the left hand side menu and click on Permissions and Request.

14. Now click on Request Advance Access for public_profile and email. ▓▓▓ returned you can request permission for those scopes.

15. In the toolbar Change your app status from **In Development** to **Liv** ▓▓

Hello there!
Need Help? Drop us an Email

輸入顯示名稱，點選建立應用程式。

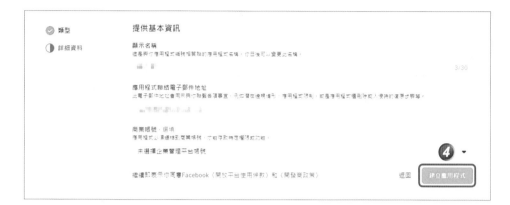

SSL certificate is required for Facebook custom app

If you face any issues in setting up Facebook app then please contact us we wil help you out

1. Go to Facebook developers console https://developers.facebook.com/apps/. Login with your facebook developer account.
2. Click on Create a New App/Create App. Select **Consumer** on the **Select App type pop-up** CLick on **Continue**.
3. Enter **App Display Name**, **App Contact Email**.
4. Click on **Create App** button and complete the Security Check.
5. On add products to your app page click on setup button under facebook login option.
6. Click on **Web**. Enter `https://` ▢ into **Site URL** than click on **Save**.
7. Click on **Settings** on left side menu and select **Basics** option.
8. Enter ▢ in **App Domain**. Enter your **Privacy Policy URL**
9. Under **User Data Deletion** click on the drop down, Select **Data Deletion Instruction URI** (Enter the URL of your page with the instructions on how users can delete their accounts on your site).
10. Select **Category** of your website. Then click on **Save Changes**.
11. On the Left side panel, Click on **Facebook Login** and select **Settings** option.
12. Scroll down and add the following URL to the **Valid OAuth redirect URIs** field
    `https:// /openidcallback/facebook` ▢ and click on **Save Changes** button.
13. Click on the App review tab from the left hand side menu and click on Permissions and Request.
14. Now click on Request Advance Access for public_profile and email. If you want any extra data to be returned you can request permission for those scopes.
15. In the toolbar Change your app status from **In Development** to **Live** by clicking on the toggle button and further Click on **Switch Mode**.
16. Go to **Settings > Basic**. Copy your **App ID** and **App Secret** provided by Facebook and paste them into the fields above.
17. Input **email, public_profile** as scope.
18. Click on the **Save settings** button.
19. **NOTE:** If you are asked to Complete Data Use Checkup. Click on the Start Checkup button. Certify Data Use for public_profile and email. Provide consent to Facebook Developer's Policy and click on submit.
20. **[Optional: Extra attributes]** If you want to access the **user_birthday, user_hometown, user_location** of a Facebook user, you need to send your app for review to Facebook. For submitting an app for review, click here. After your app is reviewed, you can add the scopes you have sent for review in the scope above. If your app is not approved or is in the process of getting approved, let the scope be **email, public_profile**

用戶端 OAuth 設定

是	**用戶端 OAuth 登入** 啟用標準 OAuth 用戶端權杖流程，透過以下選項來讓定比許隨您權杖重新導向 URI，可保護專用程式安全並防止盜用，如果不使用，則可以全域停用。 [?]		
是	**網路 OAuth 登入** 啟用裝置型用戶端 OAuth 登入。 [?]	是	**強制採用 HTTPS** 強制將嚴家重新導向至 URI 和 JavaScript SDK 強制採用 HTTPS。 [?]
否	**強制網路 OAuth 重新驗證** 開啟時，會遵體用戶輸入 Facebook 密碼才能登入裝置。 [?]	否	**嵌入的瀏覽器 OAuth 登入** 允許用戶端 OAuth 登入的裝置搭視重新導向 URI。 [?]
是	**對重新導向 URI 使用 Strict 模式** 只允許和有效 OAuth 重新導向 URI 完全相同的重新導向，強烈建議。 [?]		

有效的 OAuth 重新導向 URI

若在網路上使用手動提定的「redirect_uri」登入，則須和上清單所列的其中一個 URI 完全相同，JavaScript SDK 也會根據這份清單來阻擋專用程式內部瀏覽器的彈出視窗。 [?]

[模糊文字]

[模糊文字] ⑮

| 否 | **從裝置登入**
針對智慧型電視等裝置啟用 OAuth 用戶端登入流程。 [?] | 否 | **使用 JavaScript SDK 登入**
啟用使用 JavaScript SDK 登入和保持登入的功能。 [?] |

JavaScript SDK 允許的網域

JavaScript SDK 登入和保持登入功能僅在這些網域開放使用。 [?]

⑯

捨棄　　儲存變更

⌂ 主控板

⚙ 設定　　　　⌄

🎭 角色　　　　⌄

🔔 提示　　　　⌄

✓ 應用程式審查　　　∧

　　要求

　　權限和功能 ⑰

產品　　　　　　新增產品

Facebook 登入　　　∧

　　設定

　　快速入門

活動紀錄

☰ 活動紀錄

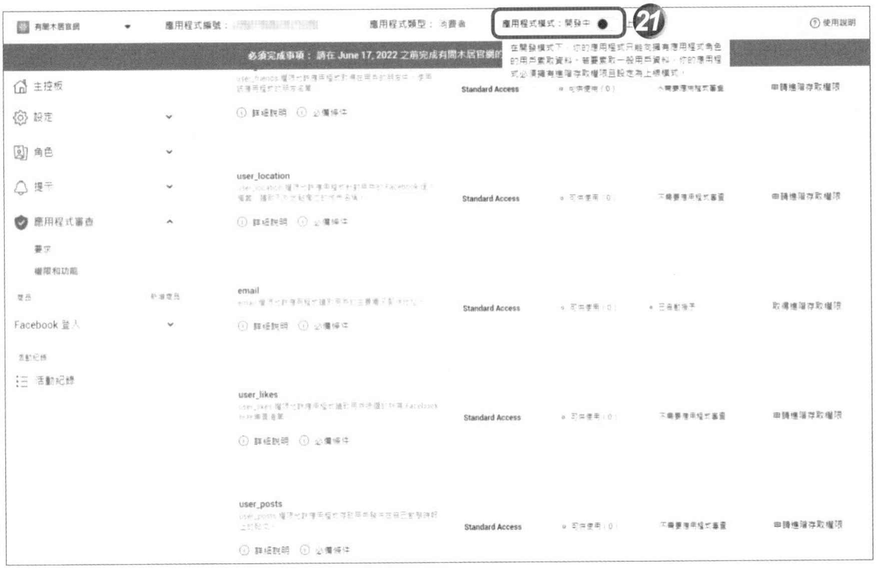

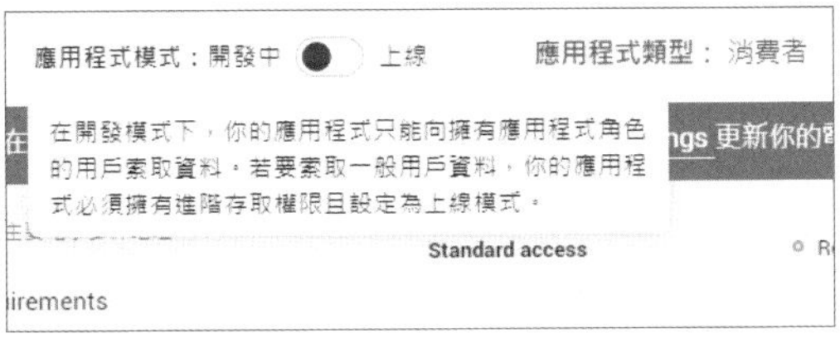
應用程式模式：開發中
上線
應用程式類型：消費者
在開發模式下，你的應用程式只能向擁有應用程式角色的用戶索取資料。若要索取一般用戶資料，你的應用程式必須擁有進階存取權限且設定為上線模式。
Standard access

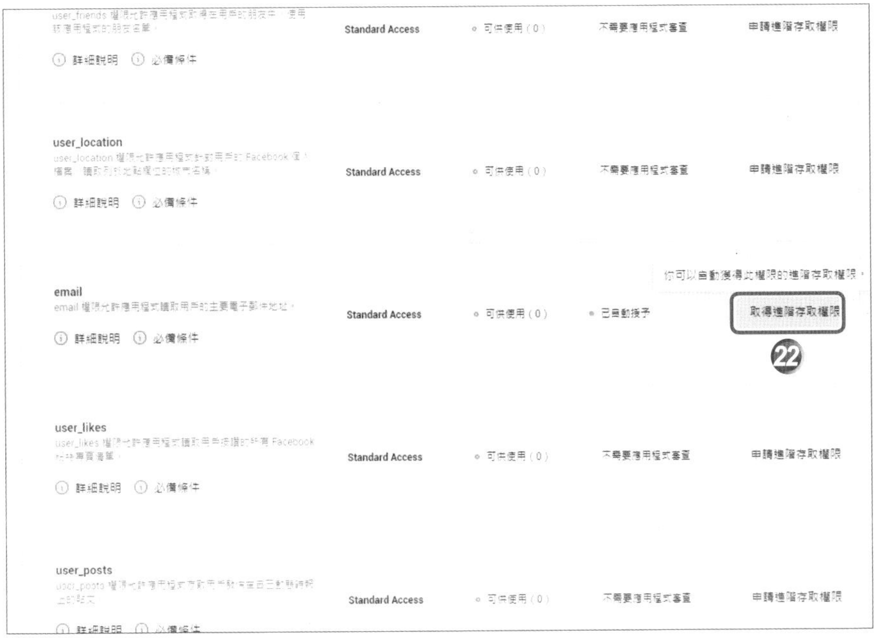
Standard Access
可供使用（0）
不需要應用程式審查
申請進階存取權限
user_location
email
email 權限允許應用程式讀取用戶的主要電子郵件地址。
詳細說明
必備條件
已自動授予
你可以自動獲得此權限的進階存取權限。
取得進階存取權限
user_likes
user_posts

第3章 嚴選實測50款熱門外掛

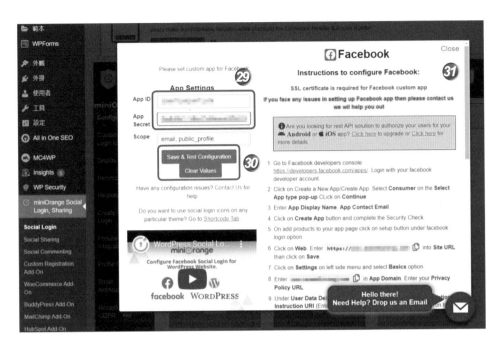

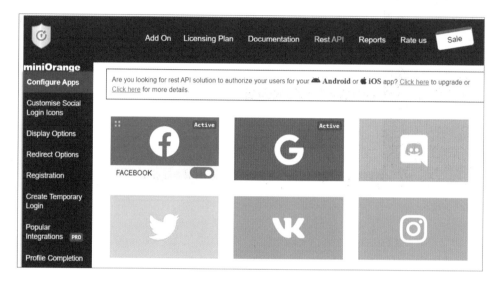

完成設定後，登入時即增加透過 Facebook 登入。

06

Social Share, Social Login and Social Comments Plugin – Super Socializer – 社群登入

外掛 / 安裝外掛 / 搜尋關鍵字 🔍Super Socializer。

跟前一個介紹的外掛一樣也是利用社群平台權限串接，免申請帳號，透過臉書、LINE、Google 帳號，即可直接登入後台。

安裝後在左邊主選單列中，可找到 Super Socializer 的 Social Login 選項。

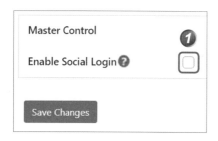

以 Facebook、LINE 為例，分別勾選起來。

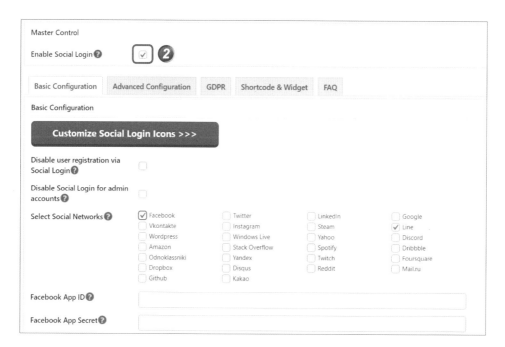

| Basic Configuration | Advanced Configuration | GDPR | Shortcode & Widget | FAQ |

Social Login Options

Title ❓	使用社群帳號登入
Trigger social login in the same browser tab ❓	☑
Center align icons ❓	☐
Enable at login page ❓	☐
Enable at register page ❓	☐
Enable at comment form ❓	☐
Enable before WooCommerce Customer Login Form ❓	☐
Enable at WooCommerce Customer Login Form ❓	☑
Enable at WooCommerce Customer Register Form ❓	☑ ③
Enable at WooCommerce checkout page ❓	☑
Enable social avatar ❓	☑
Avatar quality ❓	⦿ Average ◯ Best
Email required ❓	☑
Send post-registration email to user to set account password ❓	☑

Login redirection ❓	⦿ Same page where user logged in ◯ Homepage ◯ Account dashboard ◯ Custom Url
Registration redirection ❓	⦿ Same page from where user registered ◯ Homepage ◯ Account dashboard ◯ Custom Url ④
Username Separator ❓	⦿ Dash (-) ◯ Underscore (_) ◯ Dot (.) ◯ None
Allow cyrillic characters in the name ❓	☑ Allow cyrillic ☑ Allow Arabic ☐ Allow Chinese

設定跨平台串接

▌Google 登入設定

🌐 https://console.cloud.google.com/

除了下方欄位導向 URI 連結之外其他設定步驟皆與上一小節的設定相同。

已授權的重新導向 URI：填入網址，需包含 http:// 或 https:// 開頭。網址尾端不需要尾端斜槓。

OAuth 用戶端已建立

您隨時可以透過「API 和服務」中的「憑證」頁面查看用戶端 ID 與密鑰

ⓘ 只有 OAuth 同意畫面中列出的測試使用者具備 OAuth 存取權限

您的用戶端 ID

您的用戶端密碼

⬇ 下載 JSON ③

確定

產生了用戶 ID 及用戶密碼。

啟用 Super Socializer / Social Login 選項。

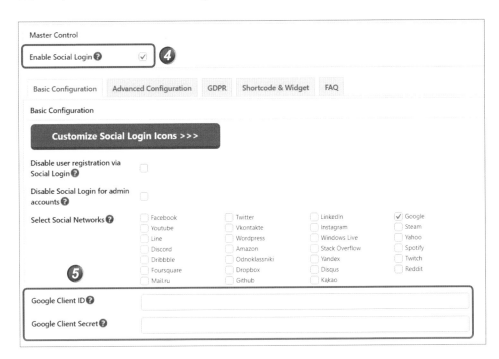

將在 Google 產生之用戶 ID 及密碼回填至 Super Socializer 以上欄位。

後台登入或註冊將增加 Google 項目。

FaceBook 登入設定

前往網址：https://developers.facebook.com/apps/

除了下方欄位導向 URI 連結之外，其他設定步驟皆與上一小節的設定相同。

以上欄位填入：https:// 你的網址 /?SuperSocializerAuth=Facebook

將取得的 ID 及 Secret 回填到以下欄位。

Basic Configuration	Advanced Configuration	GDPR	Shortcode & Widget	FAQ

Basic Configuration

Customize Social Login Icons >>>

Disable user registration via
Social Login ❓ ☐

Disable Social Login for admin
accounts ❓ ☐

Select Social Networks ❓

☑ Facebook　☐ Twitter　☐ LinkedIn
☑ Google　☐ Vkontakte　☐ Instagram
☐ Steam　☑ Line　☐ Wordpress
☐ Windows Live　☐ Yahoo　☐ Discord
☐ Amazon　☐ Stack Overflow　☐ Spotify
☐ Dribbble　☐ Twitch　☐ Foursquare
☐ Dropbox　☐ Disqus　☐ Reddit
☐ Mail.ru　☐ Github　☐ Kakao

❼

Facebook App ID ❓ [　　　　　　　　　]

Facebook App Secret ❓ [　　　　　　　　　]

後台登入或註冊將增加 Facebook 項目。

使用者名稱或電子郵件地址

[　　　　　　　　　　]

密碼

[　　　　　　　　　 👁]

使用社群帳號登入

🅵 🅶 (LINE)
☐ 保持登入

登入

註冊 | 忘記密碼？

▌ LINE 登入設定

前往 LINE 開發者平台網址：https://developers.line.biz/zh-hant/

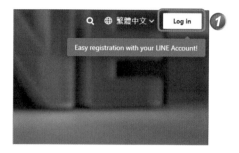

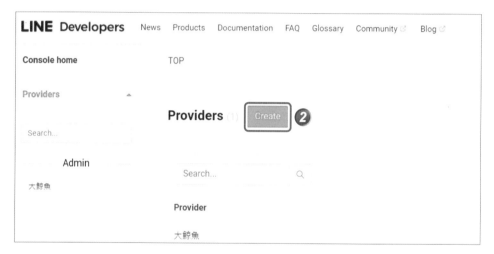

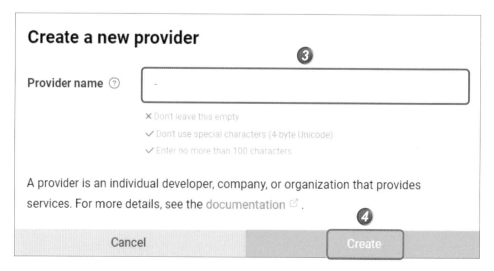

Create a new provider

Provider name ⑦

⑤

> testfish

✓ Don't leave this empty
✓ Don't use special characters (4-byte Unicode)
✓ Enter no more than 100 characters

A provider is an individual developer, company, or organization that provides services. For more details, see the documentation ☑ .

⑥

Cancel   Create

TOP ＞ 測試魚

This provider doesn't have any channels yet

To create one, choose a channel type below

Create a LINE Login channel   Create a Messaging API channel   Create a CLOVA Skill channel

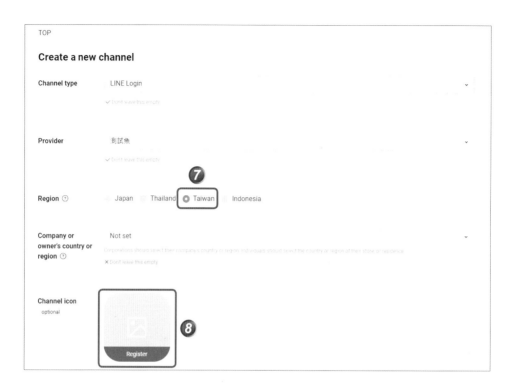

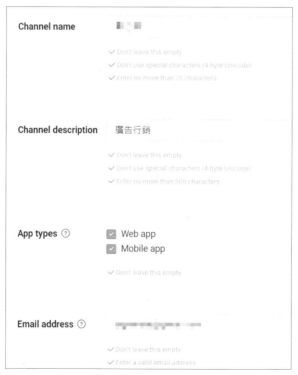

以上欄位請輸入：你的首頁網址 /SuperSocializerAuth/Line

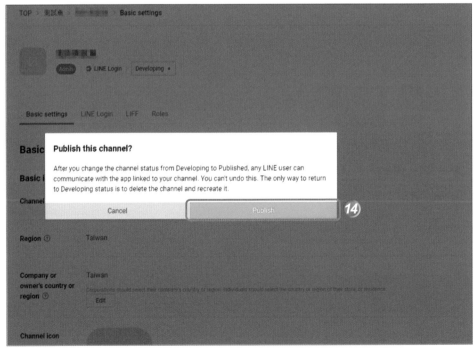

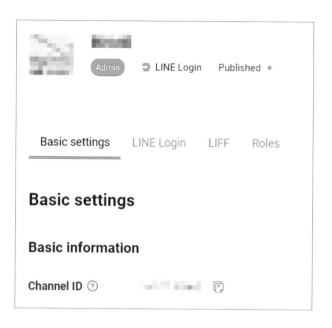

取得 Channel Secret 及 User ID。

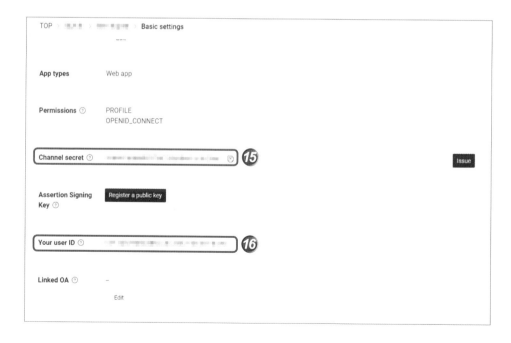

Super Socializer / Social Login 選項。

將取得的 ID 及 Sceret 回填到以下欄位。

後台登入或註冊將增加 LINE 項目。

07

Enquiry Quotation for WooCommerce – 產品加入詢價功能

Product Enquiry for WooCommerce, WooCommerce product catalog

立即安裝　更多詳細資料

Product enquiry for WooCommerce and Quote request plugi...

開發者: PI Websolution

搜　　尋 外掛 / 安裝外掛 / 搜尋關鍵字 🔍 。

簡　　介 在產品增加了一個查詢按鈕。供客戶可以向商家發送查詢或請求產品報價功能，可以使用短代碼 [pisol_enquiry_cart] 在任何頁面顯示查詢購物車。升級付款版本將提供更多功能設置。

啟動位置 安裝後在左邊主選單列中，可找到 Enquiries 選項。

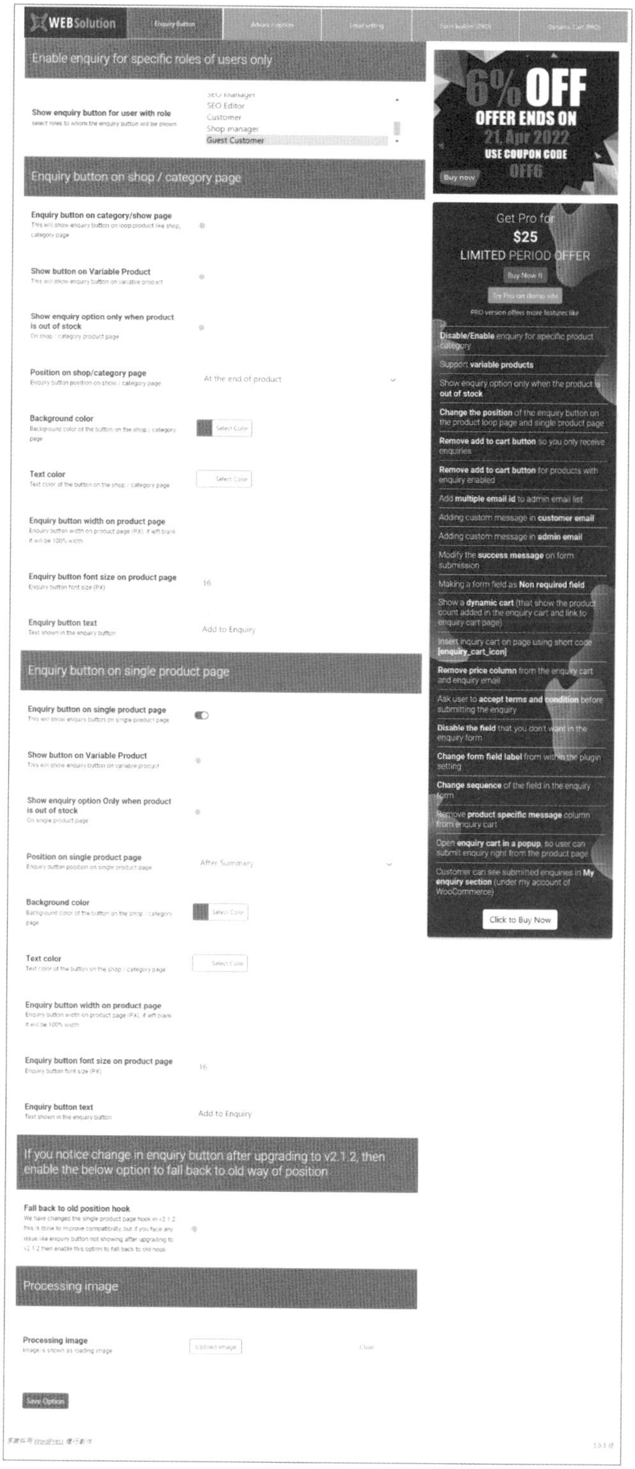
WEBSolution
Enable enquiry for specific roles of users only
Show enquiry button for user with role
SEO Editor
Customer
Shop manager
Guest Customer
Enquiry button on shop / category page
Enquiry button on category/show page
Show button on Variable Product
Show enquiry option only when product is out of stock
Position on shop/category page
At the end of product
Background color
Text color
Enquiry button width on product page
Enquiry button font size on product page
16
Enquiry button text
Add to Enquiry
Enquiry button on single product page
Enquiry button on single product page
Show button on Variable Product
Show enquiry option Only when product is out of stock
Position on single product page
After Summary
Background color
Text color
Enquiry button width on product page
Enquiry button font size on product page
16
Enquiry button text
Add to Enquiry
If you notice change in enquiry button after upgrading to v2.1.2, then enable the below option to fall back to old way of position
Fall back to old position hook
Processing image
Processing image
Save Option
6% OFF
OFFER ENDS ON
21, Apr 2022
USE COUPON CODE
OFF6
Buy now
Get Pro for
$25
LIMITED PERIOD OFFER
Disable/Enable enquiry for specific product category
Support variable products
Show enquiry option only when the product is out of stock
Change the position of the enquiry button on the product loop page and single product page
Remove add to cart button so you only receive enquiries
Remove add to cart button for products with enquiry enabled
Add multiple email id to admin email list
Adding custom message in customer email
Adding custom message in admin email
Modify the success message on form submission
Making a form field as Non required field
Show a dynamic cart (that show the product count added in the enquiry cart and link to enquiry cart page)
Insert inquiry cart on page using short code [enquiry_cart_icon]
Remove price column from the enquiry cart and enquiry email
Ask user to accept terms and condition before submitting the enquiry
Disable the field that you don't want in the enquiry form
Change form field label from within the plugin setting
Change sequence of the field in the enquiry form
Remove product specific message column from enquiry cart
Open enquiry cart in a popup, so user can submit enquiry right from the product page
Customer can see submitted enquiries in My enquiry section (under my account of WooCommerce)
Click to Buy Now

（一）設定加入詢價按鈕顯示文字

最終前端網頁，商品購物畫面將顯示加入詢價單按鈕。

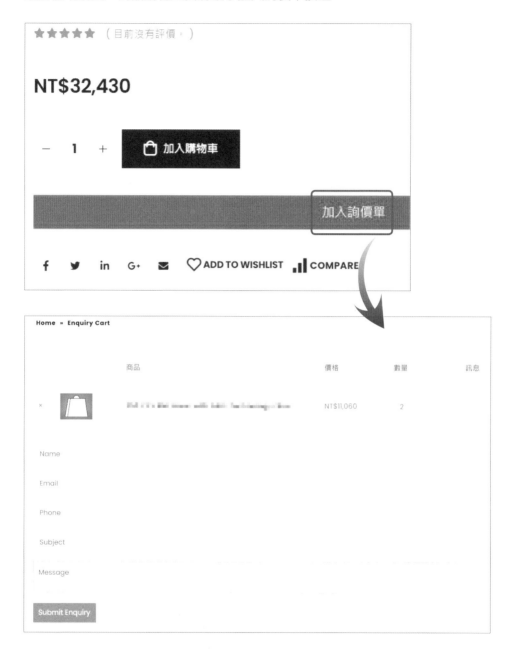

詢價單的客戶表單欄位中文化、顯示或隱藏欄位，需安裝升級版付費套件。

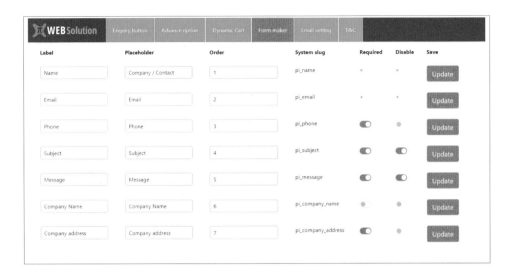

在以下欄位輸入你的信箱帳號，若多人，可用小寫逗號隔開信箱帳號。

（二）查詢客戶來函資訊

設定收取詢價資訊的信箱。

客戶填單後，在後台 Enquiries 選項即可看到客戶來函資訊。

（三）中文化

修改 class-pisol-enquiry-quotation-woocommerce-public.php。

```
61
62        wp_localize_script( $this->plugin_name, 'pi_ajax',
63            array(
64                'ajax_url' => admin_url( 'admin-ajax.php' ),
65                'loading'=> plugin_dir_url( __FILE__ ).'img/loading.svg',
66                'cart_page'=>$cart_page,
67                'view_enquiry_cart'=>__('查看詢價單🔍','pisol-enquiry-quotation-woocommerce')
68            )
69        );
70        $products = class_eqw_enquiry_cart::getProductsInEnquirySession();
71        wp_localize_script( $this->plugin_name, 'pisol_products',
72        $products
73        );
74    }
75
76 }
77
```

修改檔案：enquiry-quotation-for-woocommerce/public/partials/pisol-eqw-shortcode.php。

```
Enquiry','pisol-enquiry-quotation-woocommerce')),
);
new class_pisol_form($items);
?>
</div>
/**
 * Placeholder is needed as it is used for label in email
 */
$items = array(
```

```
array('type'=>'text', 'name'=>'pi_name', 'required'=>'required',
'placeholder'=>__('機關單位 或 公司名稱 及聯絡人','pisol-enquiry-
quotation-woocommerce')),
array('type'=>'email', 'name'=>'pi_email', 'required'=>'required',
'placeholder'=>__('Email','pisol-enquiry-quotation-woocommerce')),
array('type'=>'text', 'name'=>'pi_phone', 'required'=>'required',
'placeholder'=>__('連絡電話','pisol-enquiry-quotation-woocommerce')),
array('type'=>'text', 'name'=>'pi_subject', 'required'=>'required',
'placeholder'=>__('主旨','pisol-enquiry-quotation-woocommerce')),
array('type'=>'textarea', 'name'=>'pi_message',
'required'=>'required', 'placeholder'=>__('留言','pisol-enquiry-
quotation-woocommerce')),
array('type'=>'submit', 'name'=>'pi_submit',  'value'=>__('送出詢價單
','pisol-enquiry-quotation-woocommerce')),
```

```
);
new class_pisol_form($items);
?>
</div>
```

08 Custom Product Tabs for WooCommerce – 產品標籤分頁

Custom Product Tabs for WooCommerce

立即安裝　更多詳細資料

Add custom tabs with content to products in WooCommerce.

開發者: YIKES, Inc.

簡　　介 在每個產品介紹頁下方可以自訂產生分頁標籤。

09/ Login Logout Menu – 登入登出選單

Login Logout Menu

立即安裝　　更多詳細資料

Login Logout Menu 是一個能讓網站管理員在指定選單中加入 [登入]、[登出]、[註冊] 及 [個人資料] 選單項目的便利外掛。

開發者: WPBrigade

搜　　尋 外掛 / 安裝外掛 / 搜尋關鍵字 🔍 Login Logout Menu。

簡　　介 在網站選單上增加登入、登出、註冊等選項，尤其是架設購物網站（有會員制的網站），將適合建議安裝的外掛模組。

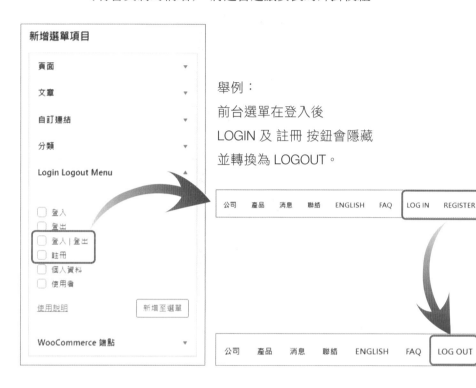

舉例：
前台選單在登入後
LOGIN 及 註冊 按鈕會隱藏
並轉換為 LOGOUT。

10／ AffiliateWP – 聯盟行銷分潤

啟動位置 安裝後，在左方主選單列中，可找到 AffiliateWP 選項。

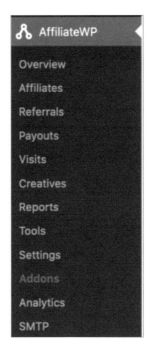

簡　　介 通過產生追蹤短碼、專屬優惠券設置（配合名人推薦、網紅行銷，對方只要在網站中插入該追蹤碼即可立即變成你的生意夥伴）。

提供了不同的佣金類型選擇：

1. 按銷售總價值的百分比。

2. 採每次推薦銷售的固定費用。

3. 智能規則讓你從推薦計算中排除運費和稅費等額外費用。

AffiliateWP 中三個最重要的設置

▨ 推薦類型和比率

▨ 運費和稅金設置

▨ Cookie 過期

（一）推薦類型和比率

你的推薦率可以是百分比或固定費率。你選擇什麼取決於你的偏好和你的商業模式。

百分比推薦率為基於總購買價格的百分比，而固定推薦率是一個固定的金額，例如每次推薦 50 元。

要設置你的推薦率類型和推薦率，依照以下簡單步驟操作：

1. 點選推薦率 Referrals 類型。

2. 選擇百分比或統一費率。

3. 若選擇 Flat Rate，則在 Referral Rate 欄位中輸入金額。如果你選擇百分比，請輸入一個整數：例如，數字「20」表示 20%。

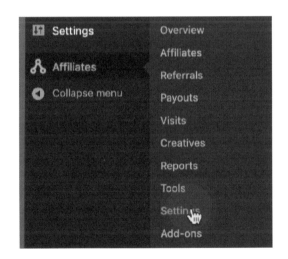

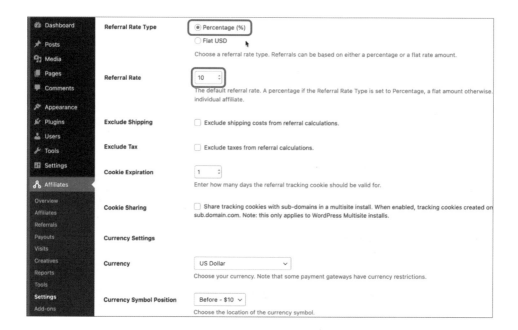

（二）運費和稅金設置

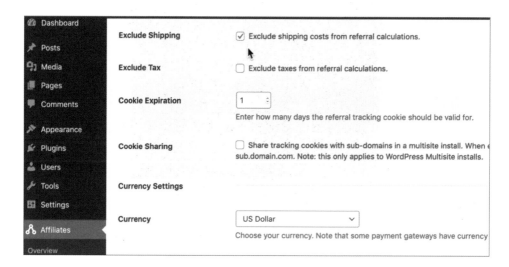

首先：藉由貼入短碼「affiliate_area」，來產生會員註冊及登入表單。

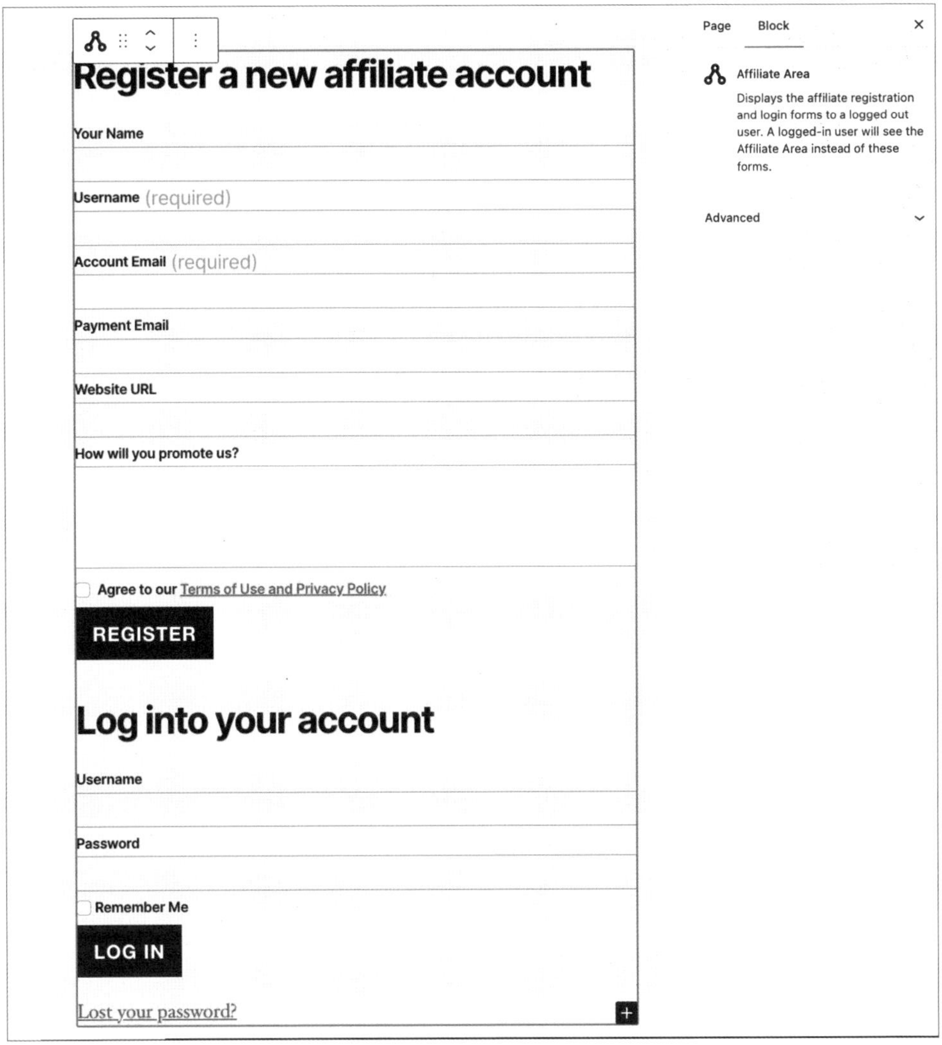

（三）Cookie 過期設置

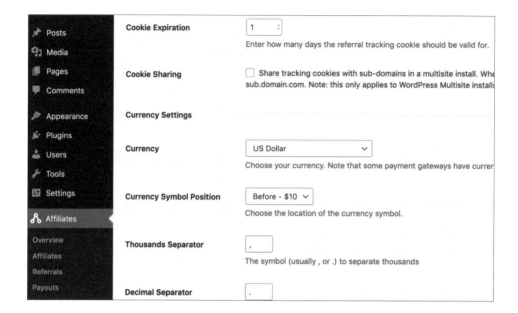

以上單元圖片來源：AffiliateWP。

網站備份

All-in-One Migration – 網站搬家與備份

All-in-One WP Migration

立即安裝　更多詳細資料

輕鬆點擊即可移動、傳輸、複製、移轉及備份網站。快速、簡單、可靠。

開發者: ServMask

搜　　尋 外掛 / 安裝外掛 / 搜尋關鍵字 🔍 All-in-One Migration。

簡　　介 於 2013 年推出，超過 6000 萬個網站使用，啟用安裝數 5 百萬以上，適合網站搬家更換主機使用。下拉點選匯出型態為檔案，進行網站整包匯出。

啟動位置 安裝後在左邊主選單列中，可找到 All-in-One Migration。

（一）匯出網站

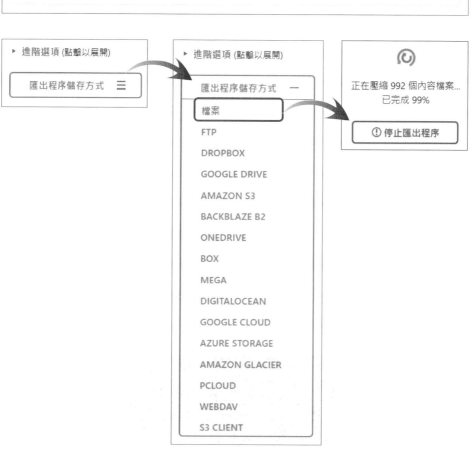

選擇網站匯出的方式，可產生下載檔案或 FTP 或是上傳雲端空間。

會產生一個副檔名為 wpress 的封裝備份檔。

（二）網站還原

點選備份，選擇右方選項紐，下拉選項選擇還原，即可進行還原，不過此為付費
服務。

點選建立備份，即可進行日常的網站備份工作。

（三）匯入網站

若要搬家時，則需匯入備份檔，則需點選匯入，接著上傳之前下載的 wpress 檔。

免費版有 512MB 上限。

02 / Duplicator – 網站搬家外掛

Duplicator – WordPress 移轉外掛

立即安裝　　更多詳細資料

使用 Duplicator 能讓 WordPress 網站的移轉及備份變的相當簡單。它能將網站從原先的位置複製...

開發者: Snap Creek

搜　　尋 外掛 / 安裝外掛 / 搜尋關鍵字 🔍 Duplicator。

簡　　介 適合網站搬家更換主機使用。

啟動位置 安裝後，在左邊主選單列中可找到。

網站備份下載

點選 Creat New 按鈕產生網站備份檔案。

Create New

（一）Steup 設定

自行給予備份檔案適當名稱，其他設定保留預設值即可。按 NEXT 按鈕繼續。

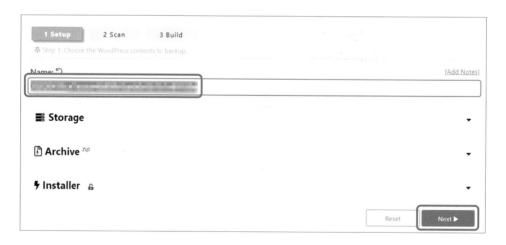

（二）掃描 Scan

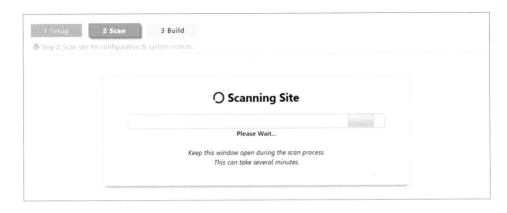

（三）建構 Build

點選 Download Both File。

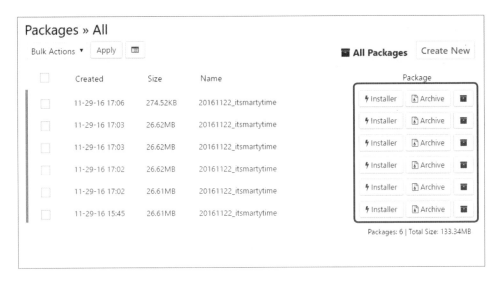

會產生 installer.php 安裝檔及 zip 壓縮備份檔。

（四）網站生成還原

將壓縮檔及 installer.php 上傳欲安裝的目錄，然後透過瀏覽器執行 installer.php。

注意：必須事先建立資料庫及創建資料庫使用者及指定資料庫使用者。

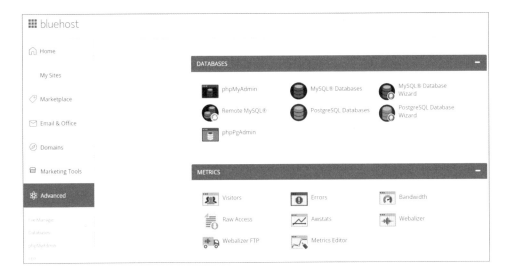

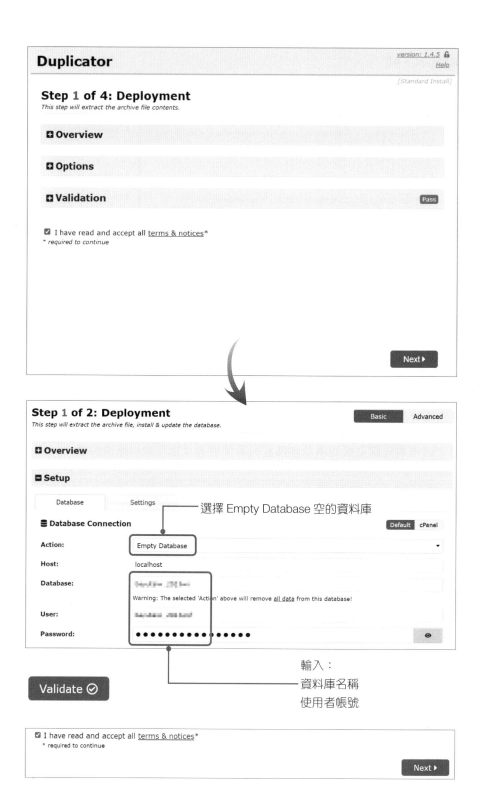

選擇 Empty Database 空的資料庫

輸入：
資料庫名稱
使用者帳號

最後請移除安裝檔，勾選登入後自動刪除安裝程序文件。

Step 2 of 2: Test Site

🪟 Admin Login　Click the Admin Login button to login and finalize this install.
☑ Auto delete installer files after login to secure site (recommended!)

⚠ **FINAL STEPS:** *Login into the WordPress Admin to remove all <u>installation files</u> and finalize the install process. This install is <u>NOT</u> complete until all installer files have been completely removed. Leaving installer files on this server can lead to security issues.*

03

UpdraftPlus – 網站備份還原

UpdraftPlus WordPress Backup Plugin

立即安裝　　更多詳細資料

Updraft Plus 外掛讓網站的備份及還原變得簡單。這個外掛無論是使用手動或排程，都能完整備份整個網站，...

開發者: UpdraftPlus.Com, DavidAnderson

🔍 **搜　　尋** 外掛 / 安裝外掛 / 搜尋關鍵字 🔍 UpdraftPlus。

簡　　介 適合網站平時備份，在原主機作網站還原。

提供多種備份儲存的方式：

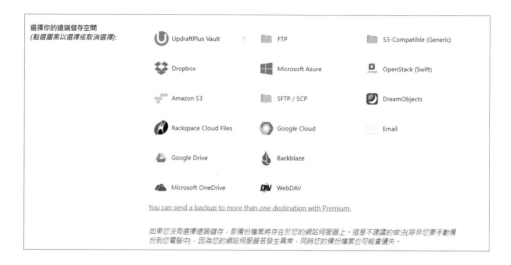

啟動位置 在外掛該項目下方設定、或外掛將在左方選單列：設定選項找到。

（一）立即備份

可分別單獨下載資料庫、外掛、佈景主題、已上傳檔案等。

（二）下載到電腦

■ 資料庫會下載產生一個 xxxxx-db.gz 壓縮檔

■ 佈景主題會下載產生一個 xxxxx-themes.zip 壓縮檔

■ 外掛會下載產生一個 xxxxx-plugins.zip 壓縮檔

■ 其他會下載產生一個 xxxxx-others.zip 壓縮檔

■ 上傳檔案會下載產生一個 xxxxx-uploads.zip 壓縮檔

（三）上傳備份檔及還原

需追加安裝付費外掛 migration 或是升級付費版本才可還原至不同網站。

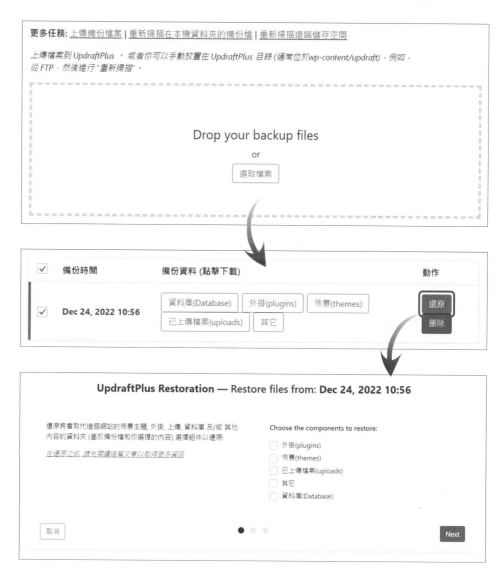

安全性、網站效能

W3 Total Cache – 網站快取

搜　　尋 外掛 / 安裝外掛 / 搜尋關鍵字 🔍 W3 Total Cache。

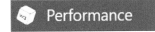

簡　　介 安裝 W3 Total Cache 將可提高網站性能並減少載入時間，協助改善網站的 SEO，壓縮 HTML、CSS 和 JS 文件時，最多將可提升 80% 的連線速率。 Web 主機無關的 Web 性能優化（WPO）框架。升級付款版本將提供更多功能設置。

啟動位置 首次安裝後，點選左方主選單列中的 Performance。

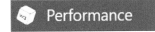

透過設置指南一步一步操作網站快取的設定。

點選 Test Page Cache 進行頁面快取分析。

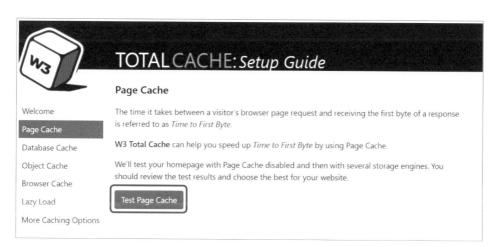

根據分析結果，選擇系統推薦的選項。

點選 Test Database Cache 進行資料庫快取分析，根據分析結果，選擇 Disk 選項。

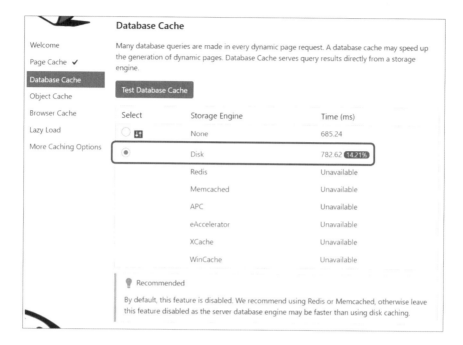

點選 Test Object Cache 進行物件快取分析，根據分析結果，選擇 Disk 選項。

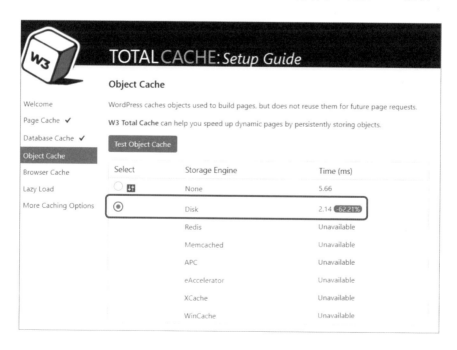

點選 Test Browser Cache 進行瀏覽器快取分析，根據分析結果，選擇 Enabled 選項。

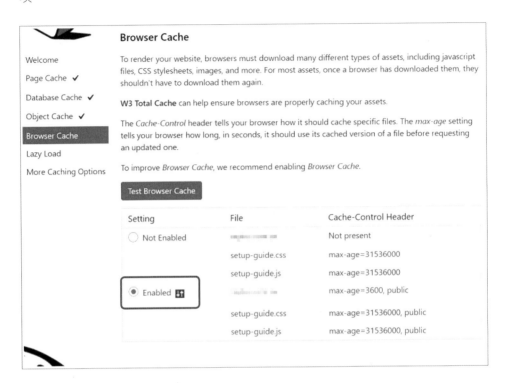

勾選 Lazy Load Images。

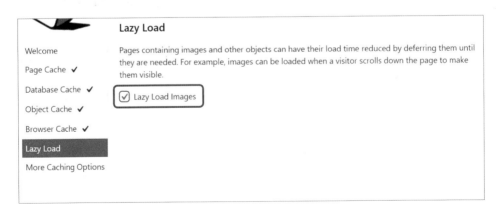

在左方選單，點選 Performance 。

Performance / Minify，啟用 Enable 選項，若有使用 Elementor 外掛則不要勾選，可能會導致網頁故障。

Performance / Browser Cache，勾選以下選項。

啟用 GZIP 壓縮，將明顯有效提高網站連線速度。

使用前可通過檢測了解網站速度的變化。

PageSpeed Insights

🌐 網址：https://pagespeed.web.dev/

● 其他類似的暫存加速外掛

（一）WP Super Cache – 網站快取

WP Super Cache

可以產生靜態 HTML 檔案的高速
WordPress 快取引擎。

開發者: Automattic

立即安裝

更多詳細資料

★★★★½ (1,294)

啟用安裝數: 2 百萬以上

最後更新: 2 個月前

✔ 相容於這個網站的 WordPress 版本

搜　　尋 ▶ 外掛 / 安裝外掛 / 搜尋關鍵字 🔍 。

簡　　介 ▶ 由 WP 官方開發的外掛，WP 解決 CSS 更新無作用的問題。

啟動位置 ▶ 安裝後至左方主選單列中，選擇：設定 / WP Super Cache。

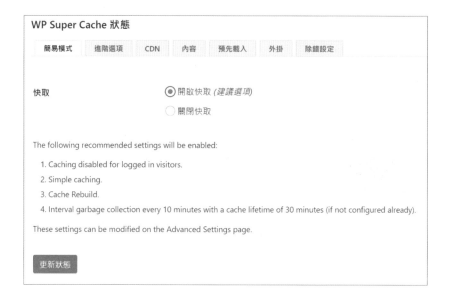

WP Super Cache 狀態

| 簡易模式 | 進階選項 | CDN | 內容 | 預先載入 | 外掛 | 除錯設定 |

快取

◉ 開啟快取 (建議選項)

◯ 關閉快取

The following recommended settings will be enabled:

1. Caching disabled for logged in visitors.
2. Simple caching.
3. Cache Rebuild.
4. Interval garbage collection every 10 minutes with a cache lifetime of 30 minutes (if not configured already).

These settings can be modified on the Advanced Settings page.

更新狀態

若有設 Jetpack 延遲載入圖片即可不用設。

其他保留預設值。

（二）LiteSpeed 緩存 – 網站快取

LiteSpeed緩存

全方位極限加速及 PageSpeed 改進功能：快取、圖片/CSS/JS 最佳化...

開發者: LiteSpeed Technologies

立即安裝

更多詳細資料

★★★★★ (2,051)

啟用安裝數: 3 百萬以上

最後更新: 2 週前

尚未與這個網站的 WordPress 版本進行相容性測試

提供後台管理、緩存設置、圖片優化。

（三）WP Fastest Cache – 網站快取

WP Fastest Cache

立即安裝

最易於使用、最快速的
WordPress 快取外掛。

更多詳細資料

開發者: Emre Vona

★★★★★ (3,786)

最後更新: 4 天前

啟用安裝數: 1 百萬以上

✔ 相容於這個網站的 WordPress 版本

02/ Asset CleanUp: Page Speed Booster – 網站速度提升

Asset CleanUp: 頁面速
度提升工具

已啟用

更多詳細資料

載入頁面/文章及首頁時封鎖不必要
的 JS 指令碼及 CSS 樣式，讓網站載
入更快速。

開發者: Gabe Livan

★★★★★ (1,345)

最後更新: 7 個月前

啟用安裝數: 100,000+

尚未與這個網站的 WordPress 版本進行相容性測試

搜　尋　外掛 / 安裝外掛 / 搜尋關鍵字 🔍Asset CleanUp。

簡　介　緩慢的連線速度會導致 SEO 品質不佳，Google 搜尋排序降低，可透
過此外掛的安裝設定，卸載一堆不必要加載的 CSS 和 JavaScript 文件
來提高網站連線速率。

紅色為切換為關閉狀態，關閉後再至前台網頁重新整理觀看是否有異常。

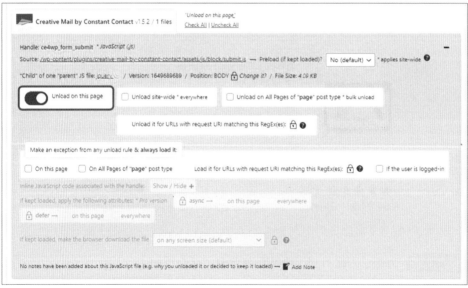

接著再透過以下介紹之網站連線品質測評網站，來進行評測。

（一）PageSpeed Insights

🌐 網址：https://pagespeed.web.dev/

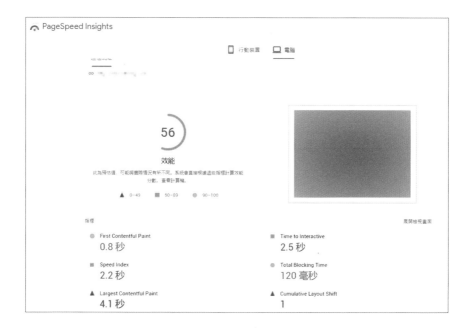

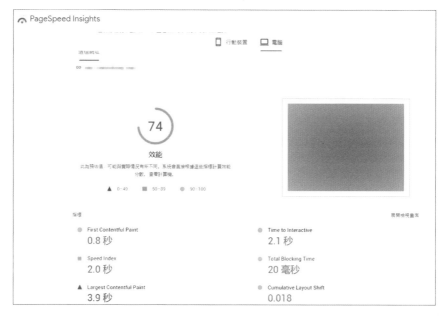

（二）GTmetrix | Website Performance Testing and Monitoring

🌐 網址：https://gtmetrix.com/

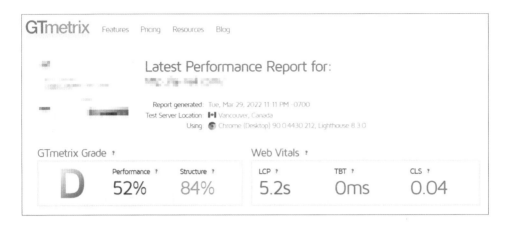

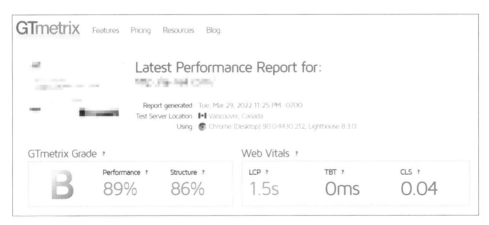

Wordfence Security – 網站防毒

Wordfence Security – 防
火牆及惡意程式碼掃描

立即安裝　　更多詳細資料

使用最全方位的 WordPress 安全性外
掛保護網站安全，提供防火牆、惡意程
式掃描、封鎖功能、即時流量監控、登
入安全防護等功能。

開發者: Wordfence

搜　　尋　外掛 / 安裝外掛 / 搜尋關鍵字 🔍 。

You have successfully installed Wordfence 7.8.2

Register with Wordfence to secure your site with the latest threat intelligence.

GET YOUR WORDFENCE LICENSE

Install an existing license

須先取得 Wordfence 許可證。

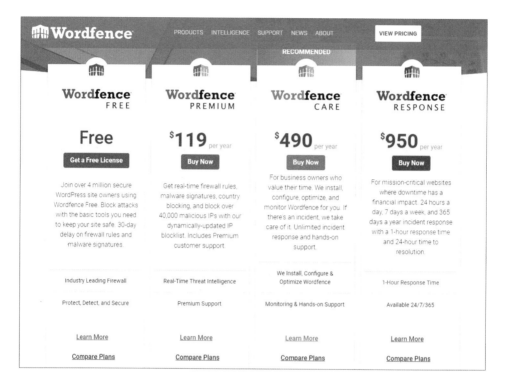

勾選即時保護或是等待 30 天。

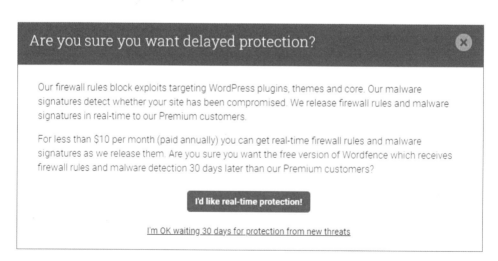

勾選下方，我已閱讀並同意 Wordfence 許可條款和條件、服務訂閱協議和服務條款，並已閱讀並確認 Wordfence 隱私政策。

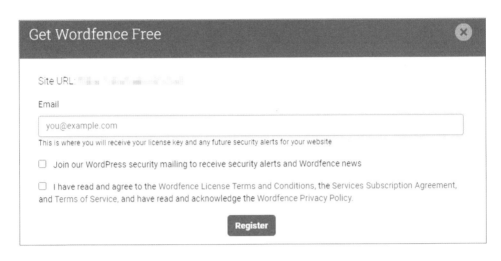

安裝您的 Wordfence 許可證

感謝您註冊 Wordfence 免費許可證。要完成 Wordfence Free 的安裝，您有兩種選擇。您可以單擊下面的按鈕自動安裝https:▓▓▓▓▓▓▓的許可證密鑰。

自動安裝我的許可證

上面的按鈕有效期最長為 24 小時，並且僅在請求許可證密鑰的同一瀏覽器中有效。在此時間段之後或從其他瀏覽器訪問您的網站時，您將需要復制下面的許可證密鑰並手動將其安裝到您的網站上。下面的視頻包含有關自動或手動安裝許可證的說明。

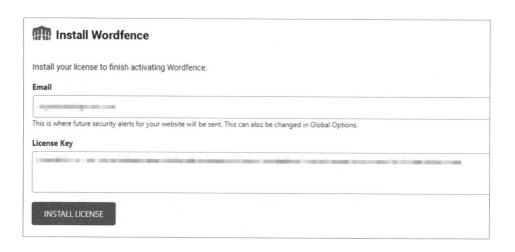

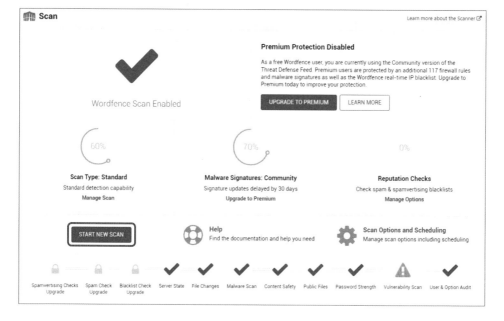

點選 SART NEW SCAN，開始掃描網站。

檔案遭到木馬修改，顯示危急符號，點選右方的修復按鈕。

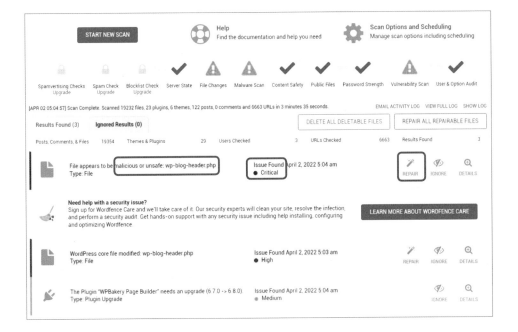

點選修復檔案以進行修復。

顯示成功修復。

系統顯示 File appears to be malicious，為此檔案似乎有中毒。

下圖顯示檔案類型：不是來自 WordPress.org 的核心、主題或外掛文件的檔案，通常可直接刪除該檔案。

下圖建議 WordPress 版本更新。

這裡可以加入欲封鎖阻斷的 IP 位址。

Create a Blocking Rule

Block Type	**IP Address** Country Custom Pattern
IP Address to Block	
Block Reason•	Block

CANCEL **BLOCK THIS IP ADDRESS**

Current blocks for www.dgwhale.com ⬤ Show Wordfence Automatic Blocks

Filter by Type, Detail, or Reason FILTER ? UNBLOCK MAKE PERMANENT EXPORT ALL IPS

	Block Type	Detail	Rule Added	Reason	Expiration	Block Count	Last Attempt
☐	IP Block		2022 年 04 月 23 日 11:33:48	Block	Permanent	0	Never
☐	IP Block		2022 年 04 月 04 日 00:48:35	Block	Permanent	0	Never
☐	IP Block		2022 年 04 月 04 日 00:48:15	Block	Permanent	0	Never
☐	IP Block		2022 年 04 月 04 日 00:47:32	Block	Permanent	0	Never
☐	IP Block		2022 年 04 月 04 日 00:45:57	Block	Permanent	0	Never
☐	IP Block		2022 年 04 月 04 日 00:45:33	Block	Permanent	0	Never
☐	Block Type	Detail	Rule Added	Reason	Expiration	Block Count	Last Attempt

（一）啟用 Login Security 手機雙重驗證登入

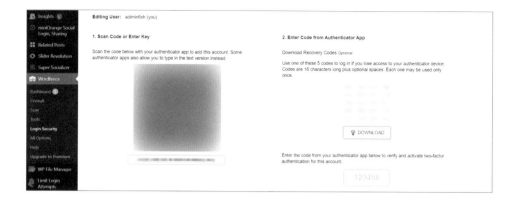

（二）請事先安裝手機應用 **APP** 程式

- Google Authenticator

- Sophos Mobile Security

- FreeOTP Authenticator

- 1Password (mobile and desktop versions) See: 1Password help

- LastPass Authenticator

- Microsoft Authenticator

- Authy 2-Factor Authentication

- Any other authenticator app that supports Time-Based One-Time Passwords (TOTP)

安裝手機應用程式 APP：Google Authenticator。

安裝後點右下角的 + 號，選擇掃描 QR 圖碼。

輸入手機動態產生的六碼數字。

點選 ACTIVATE 啟用

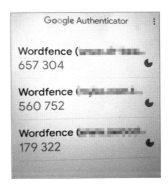

之後每次都要對照手機亂數動態產生的六碼數字，啟動進入後台。

（三）至使用者管理 2FA 兩階段雙重手機驗證

Akismet Spam Protection – 防止網站垃圾留言

Akismet Spam Protection

立即安裝　更多詳細資料

能夠封鎖垃圾留言及聯絡表單濫填的最佳保護外掛，同時也是最受 WordPress 及 WooCommerce 信賴的反垃圾留言解決方案。

開發者: Automattic

搜　　尋 外掛 / 安裝外掛 / 搜尋關鍵字 🔍 Akismet。

簡　　介 可保護網站遠離垃圾留言，為 WordPress 官方所開發的外掛。

啟用位置 工具選項整合到 Jetpack 選單內。

為網站清除垃圾留言

為外掛設定 Akismet 帳號，便能為這個網站啟用垃圾留言篩選功能。

設定 **Akismet** 帳號 **①**

手動輸入 API 金鑰

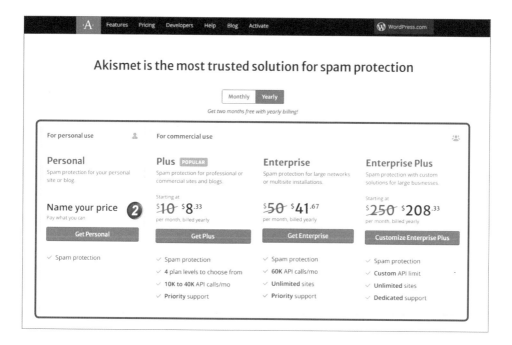

若選擇個人使用，則可自由決定你自己預算金額。

免費密鑰僅適用於個人、非商業網站。

如果你的網站有廣告或附屬連結、銷售產品或服務、募集捐贈或贊助，或者以任何方式與營利性企業或教育組織相關——你的網站就會被視為商業網站。

不遵守這些條款將導致服務立即暫停，恕不另行通知。

申請時填的電子信箱會收到 API 密鑰。

填入電子信箱收到 API 密鑰。

A.kis.met 提供了網站垃圾留言報表數據。

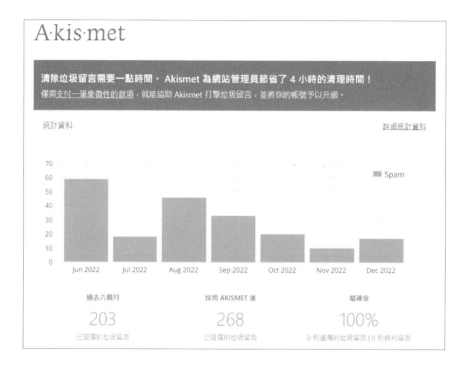

All In One WP Security – 網站防護

搜　尋 外掛 / 安裝外掛 / 搜尋關鍵字 🔍WP Security。

啟用位址 安裝後在左邊主選單列中可找到 WP Security。

（一）查看登入記錄

User Login / Failed Login Records

	Login IP range	User ID	Username	Date
		1		2022 年 12 月 22 日 22:51:00
		1		2022 年 12 月 07 日 21:00:27
		1		2022 年 11 月 14 日 11:37:54
		0		2022 年 11 月 14 日 11:37:45
		1		2022 年 11 月 06 日 12:08:39
		1		2022 年 11 月 06 日 12:08:08
		0		2022 年 10 月 19 日 12:25:21

批次操作 ∨　套用　　　　　　　　　　　　　16 個項目

（二）啟用登錄鎖定功能

User Login / Login lockout

勾選起來就可以有基本的防護，嘗試登錄失敗次數鎖定、鎖定時間長度等功能。

以上原為英文版，可用滑鼠右鍵 Google 翻譯得知以上大致意思。

（三）修改登入頁面網址

點選 Brute Force / Rename Login Page，可以修改登入頁面網址。

變更後台登入路徑。

Rename Login Page Settings

	Intermediate		0/10

This feature can lock you out of admin if it doesn't work correctly on your site. You must read this message before activating this feature.

NOTE: If you are hosting your site on WPEngine or a provider which performs server caching, you will need to ask the host support people to NOT cache your renamed login page.

Enable Rename Login Page Feature:	☐ Check this if you want to enable the rename login page feature
Login Page URL:	https://www.dgwhale.com/ [　　　　] Enter a string which will represent your secure login page slug. You are encouraged to choose something which is hard to guess and only you will remember.

Save Settings

備註：更換登入路徑，Change wp-admin login 外掛也提供相同的功能。

（四）防火牆防護

點選 Firewall 啟用基本防火牆保護及設定最大文件上傳大小。

Enable Basic Firewall Protection 核選方塊打勾。

基本防火牆設置

基本的	0/15

啟用基本防火牆保護：　　　☑ 如果您想對您的網站應用基本的防火牆保護，請勾選此項。 + 更多信息

最大文件上傳大小 (MB)：　　 10　　　　　.htaccess 文件中使用的最大文件上傳大小的值。（如果留空則默認為 100MB）

以上原為英文版，可用滑鼠右鍵 Google 翻譯得知以上大致意思。

06/ Change wp-admin login – 改變後台登入路徑

Change wp-admin login

立即安裝
更多詳細資料

Change wp-admin login 是一款輕量化的外掛，可以讓網站管理員輕鬆安全的對 wp-admin 依需求進行變更，並且不會重新命名或變更任何核心程式檔案。

開發者：*Nuno Morais Sarmento*

★★★★✩ (20)
啟用安裝數: 90,000+

最後更新: 6 個月前
尚未與這個網站的 WordPress 版本進行相容性測試

搜　　尋 外掛 / 安裝外掛 / 搜尋關鍵字 🔍 Change wp-admin login。

簡　　介 可防止網站遭駭客或有心人士入侵。

啟動位置 在安裝後在設定 / 永久連結，找到變更 wp-admin 登入地方，輸入欲變更的網址路徑即可。

備註：更換登入路徑，All In One WP Security 外掛也提供相同的功能。

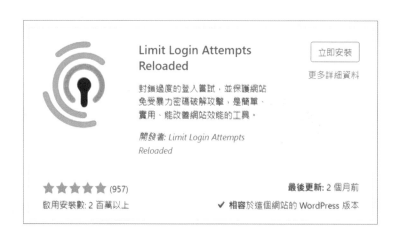

07 / Limit Login Attempts Reloaded – 登入次數防護

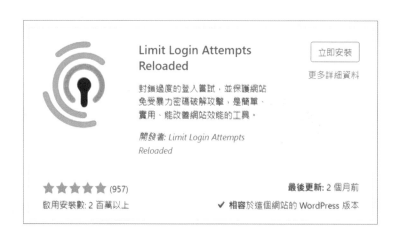

搜　尋 外掛 / 安裝外掛 / 搜尋關鍵字 🔍 Limit Login 。

簡　介 預設情況下，WordPress 允許無限制的登錄嘗試。這可能導緻密碼很
容易被暴力破解。

Limit Login Attempts Reloaded 限制重新加載的登錄嘗試，全球下載量
超過 200 萬次。

啟用位置 安裝後在左方主選單列中，可找到 Limit Login Attempts 選項。

（一）選擇設定

Limit Login Attempts Reloaded

控制台　**設定**　記錄　偵錯

一般設定

這些設定獨立於下方的應用程式。

GDPR 合規性	☐ 啟用這項設定後，顯示於登入頁面的訊息，能讓外掛的資料記錄方式符合 GDPR 合規性。進一步了解
GDPR 訊息	如果繼續進行，代表你瞭解並同意你的 IP 位址及瀏覽器資訊可能會由這個網站上安裝的安全性外掛處理。 使用顯示於下方的短代碼，便能插入連結；舉例來說，插入這個網站的〈隱私權政策〉頁面連結。 短代碼: [llar-link url="https://example.com" text="隱私權政策"]
登入鎖定通知	☑ 傳送電子郵件至 ▓▓▓▓▓▓▓▓▓▓▓▓ （在 3 次登入鎖定之後便傳送）
顯示為最上層管理選單項目	☑ 啟用這項設定後，請儲存設定並重整頁面以檢視變更

隱藏控制台小工具	☐
顯示警告徽章	☑ 啟用這項設定後，請儲存設定並重整頁面以檢視變更
使用中的應用程式	伺服器本機 ˅　網站如需進階保護功能，請升級至 Cloud App。

應用程式設定

應用程式負責抵禦由暴力密碼破解攻擊造成的主要負載，分析登入嘗試操作及封鎖不要緊的訪客，並提供其他服務功能。

（二）設定 GDPR 聲明

GDPR 合規性	☐ 啟用這項設定後，顯示於登入頁面的訊息，能讓外掛的資料記錄方式符合 GDPR 合規性。進一步了解
GDPR 訊息	如果繼續進行，代表你理解並同意你的 IP 位址及瀏覽器資訊可能會由這個網站上安裝的安全性外掛處理。
	使用顯示於下方的短代碼，便能插入連結；舉例來說，插入這個網站的〈隱私權政策〉頁面連結。 短代碼: [llar-link url="https://example.com" text="隱私權政策"]

登入鎖定通知	☑ 傳送電子郵件至 (在 3 次登入鎖定之後便傳送)
顯示為最上層管理選單項目	☑ 啟用這項設定後，請儲存設定並重新整理頁面以檢視變更
隱藏控制台小工具	☐

登入鎖定條件	4 次登入嘗試後予以鎖定
	20 分鐘的每次登入鎖定時間
	4 次登入鎖定發生後，將登入鎖定時間增長至 24 個小時
	24 個小時後自動重設登入嘗試次數

在控制台中可顯示登入情況。

登入嘗試失敗次數

1

1 次登入嘗試失敗 - 今天

這個網站可能已遭駭客鎖定目標

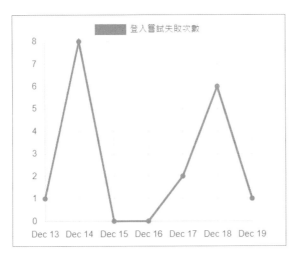

登入嘗試失敗次數依國家/地區顯示　　　　全球網路 (付費版使用者)

國家/地區	登入次數
United States	230599
China	119662
Turkey	89663
Germany	68690
Vietnam	55676

今天　　　　　Premium Plus 方案提供依據國家進行封鎖的功能。

選擇記錄標籤頁，可查看封鎖清單與登入鎖定紀錄報表。

WP Rollback – 將外掛還原前面版本

搜　尋 外掛 / 安裝外掛 / 搜尋關鍵字 🔍 WP Rollback。

簡　　介 將安裝來源為 WordPress.org 的外掛或佈景主題，指定為安裝較舊或較新的版本。

不過，不對使用這個外掛，去安裝其他外掛或佈景主題的指定版本所產生的結果，提供任何保證。

請從下方的版本清單中選取想要安裝的**外掛**版本。這個網站目前安裝的是 *Flexy Breadcrumb 1.2.1* 版。

○ 1.2.1 *目前安裝的版本*
○ 1.2.0
○ 1.1.4
○ 1.1.3
○ 1.1.2
○ 1.1.1
○ 1.1.0
○ 1.0.3
○ 1.0.2
○ 1.0.1 *檢視變更記錄*
○ 1.0.0
○ trunk

安裝指定版本 取消

其他熱門外掛簡介

01

FileBird - WordPress Media Library Folders – 媒體庫管理

搜　　尋 外掛 / 安裝外掛 / 搜尋關鍵字 🔍 FileBird。

簡　　介 方便後台媒體資料庫管理，類似檔案總管，管理 WordPress 媒體庫 Libary 文件夾。強化 WP 的多媒體資料工具的編輯功能，圖檔歸檔分類、支援多種檔案格式，檔案輕鬆搬移。（圖檔資料來源為 FileBird），升級付款版本將提供更多功能設置。

圖片來源：FileBird

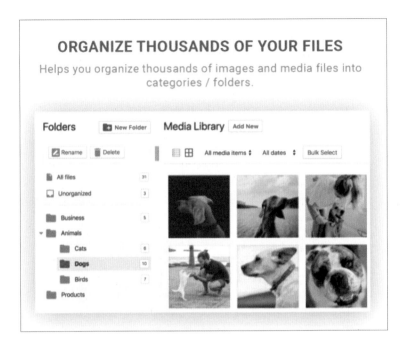

拖曳丟放的方式，就像檔案總管般，快速有效率地檔案管理。

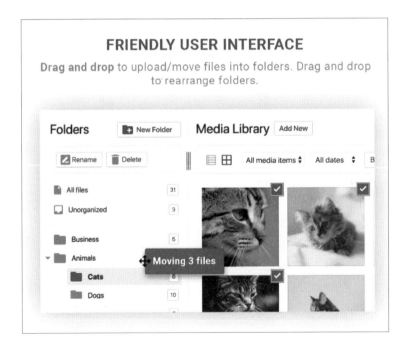

本單元圖片 & 範例資料來源：FileBird - WordPress Media Library Folders。

類似的外掛有：Folders – Unlimited Folders to Organize Media Library Folder, Pages, Posts, File Manager。

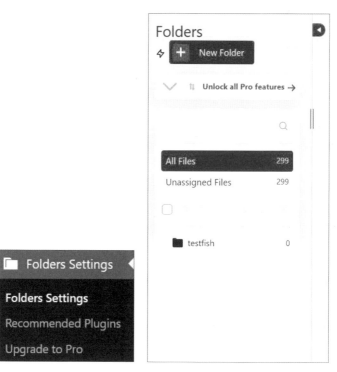

免費版只能新增一層資料夾，有新增子資料夾的限制。

02

Slider Revolution – 輪播功能

Slider Revolution is **THE** cutting-edge WordPress plugin for today's sky-high web design demands. Packed with **sleek features**, it can turn boring and static designs into visually-grabbing, responsive websites with just a few clicks.

簡　　介 多數熱門的版型，都會附贈、提供首頁輪播效果，若沒有則須付費才能使用。

官網網址連結：https://www.sliderrevolution.com/

啟動位置 左方選單將新增此外掛項目。

可以建立新的輪播版型、從範本建立（須付費取得授權）、手動匯入之前建立好的輪播版型。

（一）各種顯示裝置介面切換

右上找到為工具列圖示不同的裝置切換預覽版面設計。

顯示畫面百分比。

（二）設定各種顯示裝置對應的版面／尺寸／大小

（三）新增輪播、新增圖層

下方工具列圖示 Slides 下拉選單 Add Slide(s) 可新增輪播單元。

Add Layer 下拉選單則為該單元新增網頁元素。

可插入各種網頁元素。

下方工具面板為處理該單元輪播的動畫時間軸控制面板。

（四）設定網頁元件的邊界與內距

先點選該輪播中的一個元件。

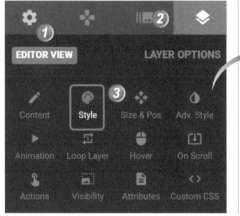

設定該元件上下左右邊界距離。

（五）字型樣式設定

先點選該輪播中的一個元件。

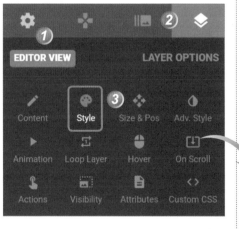

設定字級樣式。

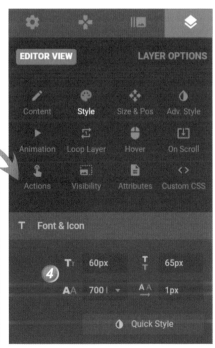

點選 Quick Style 可快速設定。　　　　承上同樣方法可設定按鈕樣式。

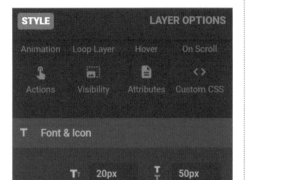 

（六）設定背景，設定背景色、漸層色、背景圖

從這裡也可以設定背景。

設定漸層背景。

指定背景圖檔。

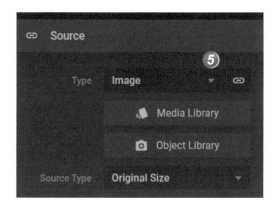

（七）進階樣式：設定陰影效果

點選設定文字的陰影與邊框粗細、顏色設定。

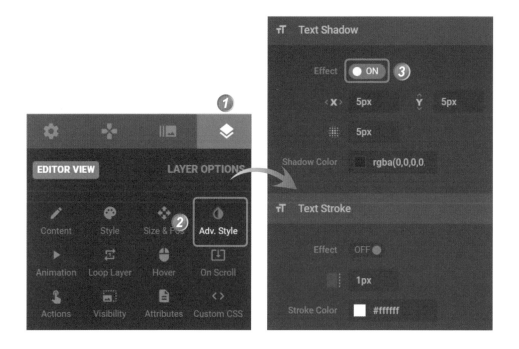

（八）加入整體濾鏡效果樣式

（九）設定輪播圖紐樣式

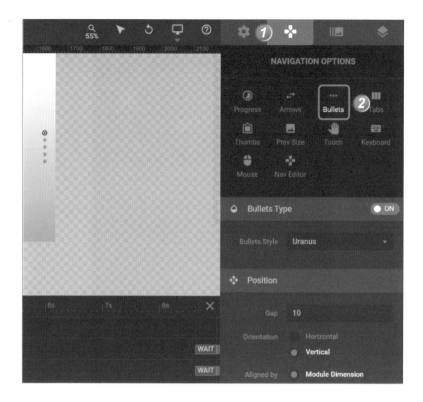

03 / Yoast Duplicate Post – 複製文章與頁面

搜　　尋 外掛 / 安裝外掛 / 搜尋關鍵字 🔍 Yoast Duplicate Post。

簡　　介 安裝後，可快速複製文章、頁面內容。

安裝前。

安裝後增加了
「複製」選項。

類似相關的外掛很多！另外也可以用關鍵字選擇外掛。

Duplicate Page

一鍵複製文章、頁面及自訂內容。

開發者: *mndpsingh287*

啟用

更多詳細資料

★★★★★ (282)

啟用安裝數: 2 百萬以上

最後更新: 2 週前

✔ **相容**於這個網站的 WordPress 版本

Duplicate Post

Duplicate post

開發者: *Copy Delete Posts*

立即安裝

更多詳細資料

★★★★★ (330)

啟用安裝數: 100,000+

最後更新: 2 個月前

✔ **相容**於這個網站的 WordPress 版本

WP Post Page Clone

Clone Post or Page with it's contents and settings...

開發者: *Gaurang Sondagar*

立即安裝

更多詳細資料

★★★★★ (25)

啟用安裝數: 90,000+

最後更新: 1 個月前

✔ **相容**於這個網站的 WordPress 版本

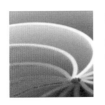

Page and Post Clone

Page and Post Clone plugin creates a clone of a page or...

立即安裝

更多詳細資料

開發者: *Carlos Fazenda*

★★★★☆ (12)

啟用安裝數: 90,000+

最後更新: 6 個月前

尚未與這個網站的 WordPress 版本進行相容性測試

04 Advanced AJAX Product Filters for WooCommerce – 進階產品過濾器

Advanced AJAX Product Filters

WooCommerce AJAX Product Filters - Advanced product filtering ability for your WooCommerce shop. Add unlimited filters with one widget.

立即安裝

更多詳細資料

開發者: *BeRocket*

★★★★★ (295)

啟用安裝數: 50,000+

最後更新: 2 個月前

✔ **相容**於這個網站的 WordPress 版本

搜　　尋 外掛 / 安裝外掛 / 搜尋關鍵字 🔍Advanced AJAX Product。

簡　　介 WooCommerce AJAX 產品過濾器 – 為你的 WooCommerce 商店提供進階的產品過濾篩選功能。可以價格過濾、按產品類別過濾、按產品屬性過濾。

05 / Embed Plus YouTube WordPress Plugin – 嵌入 YouTube 影片

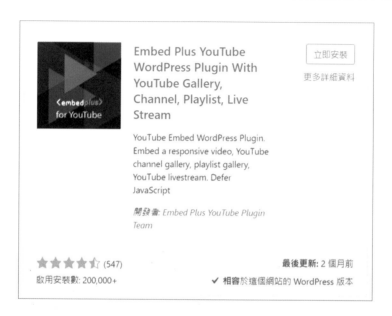

搜　　尋　外掛 / 安裝外掛 / 搜尋關鍵字 🔍Embed Plus YouTube。

簡　　介　WordPress 系統本身已提供 YouTube 影片嵌入功能，在文章及頁面中皆可插入網頁元件中找到。但產品編輯頁面並沒提供此嵌入功能，可另外加裝此外掛來達成。

啟動位置 左方工具列選單。

▶ YouTube Free

安裝後根據安裝精靈選擇自訂設定。

☑ Single videos.

☐ Galleries of playlists or channels (displays thumbnails and a player).

☐ Self-contained playlists or channels (no thumbnails, just YouTube's standard playlist player).

☐ Live streams or premieres.

嵌入影片。

播放列表或頻道的畫廊
（顯示影片縮圖和播放器）。

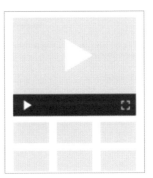

獨立的播放列表或頻道
（沒有縮圖，只有 YouTube 的標準
播放列表播放器）。

直播或首播。

1. 在產品編輯頁選擇 YouTube 圖示按鈕。

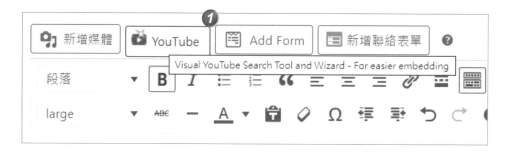

2. 貼入 YouTube 影片網址。

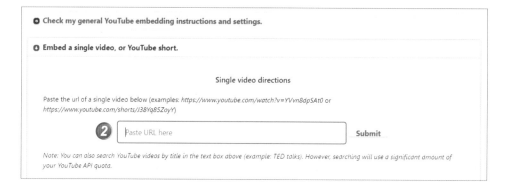

3. 插入至文章。

最後在文章產生一段語法,即完成影片嵌入。

Cookie Bar – Cookie 宣告

CookieYes | GDPR
Cookie Consent &
Compliance Notice
(CCPA Ready)

立即安裝　　更多詳細資料

Easily set up cookie notice, cookie
policy and get GDPR...

開發者: WebToffee

搜　　尋 外掛 / 安裝外掛 / 搜尋關鍵字 🔍cookie bar。

簡　　介 有鑑於國際化網站的需求，為符合歐盟的個資規定 GDPR 聲明之網站 Cookie 設定。

啟動位置 安裝後，在左方主選單列中，可找到 GDPR Cookie 選項。

GDPR Cookie
Consent

Settings
Cookie List
Cookie Category
Cookie Scanner
Policy generator
Script Blocker
Privacy Overview

啟用 cookie bar。

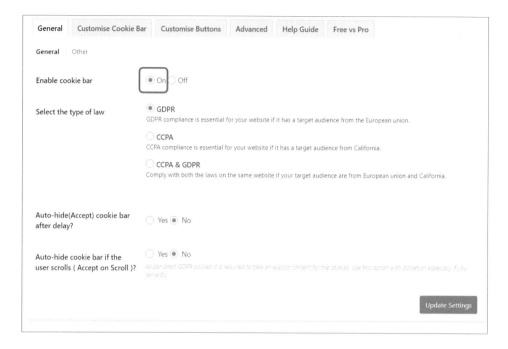

在這個標籤頁的 Message 欄位輸入欲顯示給網友的訊息內容。

支援短碼嵌入，並且提供前台顯示客製化樣式設定。

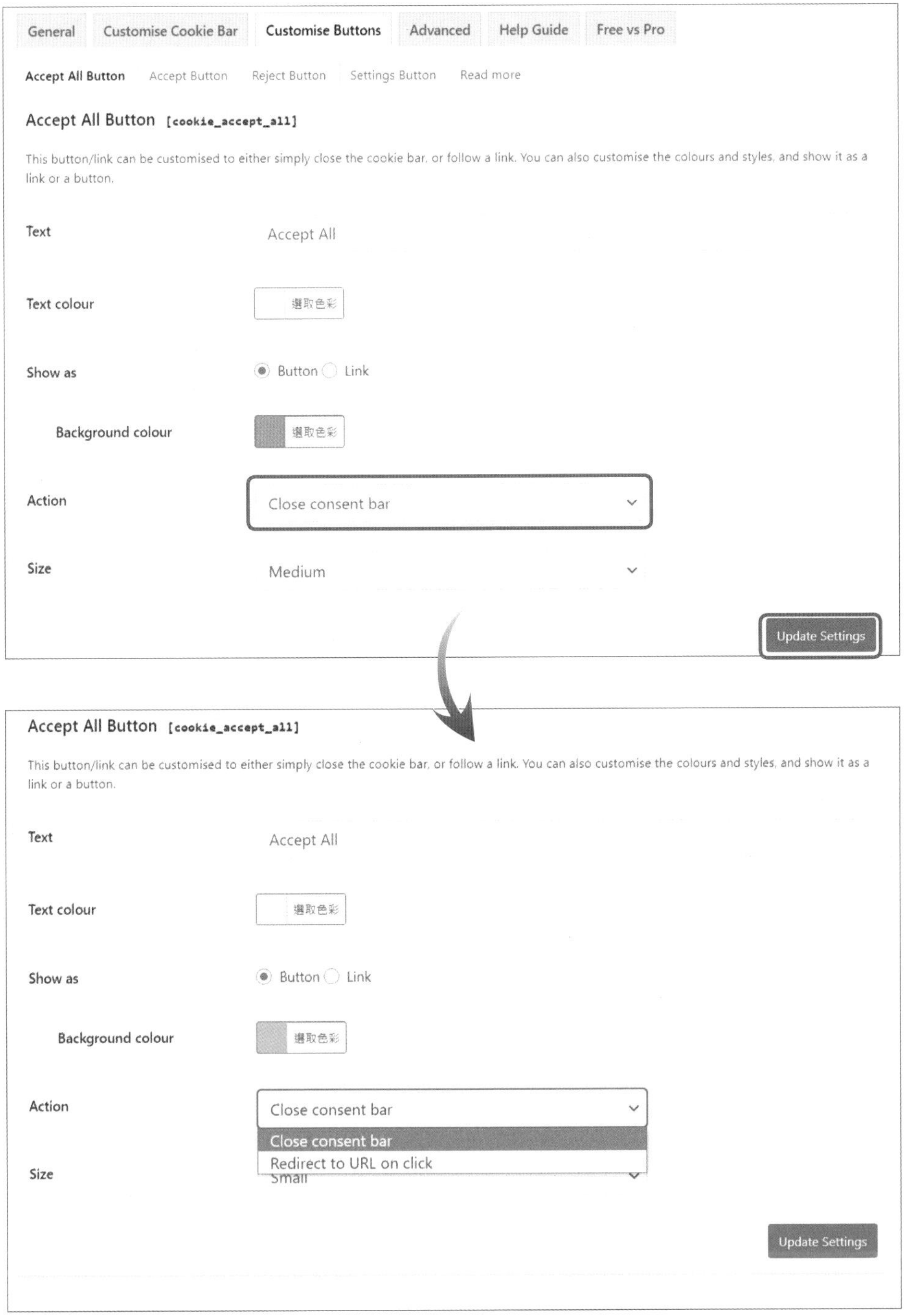

圖片＆範例資料來源：CookieYes | GDPR Cookie Consent & Compliance Notice
（CCPA Ready）

● 加碼推薦 2 組

（一）時間軸外掛：搜尋 Timeline 關鍵字外掛

適合用在公司沿革介紹或是活動時程介紹。

（二）倒數計時外掛：搜尋 countdown 關鍵字外掛

此外掛可用於商品特價倒數或是活動倒數。

分享：學習及網頁資源、
素材網站、Chrome 擴充

- WordPress 外掛 | WordPress.org Taiwan 正體中文
  - 網址：https://tw.wordpress.org/plugins/

- 技術支援 | Taiwan 正體中文 – WordPress.org Taiwan 正體中文
  - 網址：https://tw.wordpress.org/support/

- WP 教程 | Taiwan 正體中文 – WordPress.org Taiwan 正體中文
  - 網址：https://learn.wordpress.org/tutorials/

- WordPress.org Forums
  - 網址：https://wordpress.org/support/

- W3Schools Online Web Tutorials
  - 網址：https://www.w3schools.com/

- COLOURlovers
  - 網址：https://www.colourlovers.com/

- Free Photoshop Brushes at Brusheezy!
  - 網址：https://www.brusheezy.com/

- WordPress Themes & Website Templates from ThemeForest
  - 網址：https://themeforest.net/category/wordpress

- WordPress Themes - 2022's Premium WordPress Templates at TemplateMonster
  - 網址：https://www.templatemonster.com/wordpress-themes.php

- 貓熊先生 - SEO 搜尋引擎優化最佳學習指南
  - 網址：https://www.seo-panda.tw/

- WordPress 學院：分享 WordPress 基礎知識與技巧 - 閃電博
  - 網址：https://www.wbolt.com/learn

WordPress | 清晨小農夫

網址：https://rdfarm.net/category/wordpress/

WordPress 文章匯總｜ WP & SEO - 分享 WordPress & SEO 的兩三事

網址：https://www.wpandseo.tw/category/wordpress/

最優圖像優化 – Recompressor

網址：https://zh.recompressor.com/

WordPress 教學、佈景主題和外掛部落格 - 網路攻略 networker

網址：https://networker.tw/

CodePen: Online Code Editor and Front End Web Developer Community

網址：https://codepen.io/

前往 Chrome 擴充

網址：https://chrome.google.com/webstore/

Chrome 擴充 Save image as Type：

搜尋 Save image as Type

將 WebP 格式另存成 jpg 或 Png

Chrome 擴充 Image Downloader

搜尋 Image Downloader

可直接撈出網頁中的相片，一起大量下載

Chrome 擴充 GoFullPage - Full Page Screen Capture

搜尋 GoFullPage

可擷圖超出畫面整頁的畫面出來

Note

後記

距離筆者出版上本著作《WordPress & 網頁設計會遇到的 100 個問題》（2020 年 11 月），已是二年多前的事。此次本書的出版，為筆者利用工作空檔及課暇之餘將建構客戶網站所面對的問題與解決經驗一一節錄並集結成書；藉此希望本書可以幫助讀者在 WordPress 建構網站時，省去測試的時間與碰到的問題。利用 WordPress 網站架設可以很容易，但麻煩的通常是細部進階的設定與版型的中文化、客製化過程。常常微小的細節影響了整體網站。

WordPress 提供了上萬種各式各樣的外掛，可以讓你的網站如虎添翼，不過也奉勸外掛不要安裝過多，一來網站速度可能會變慢，二來網站的故障也常常出自於外掛的問題。

最後辛苦建構完成的網站，其之後的經營與 SEO 更是另一門重要課題！有流量的網站將會為公司、品牌、產品帶來行銷效益。不過一切則須以先建構一個體質健康的網站為前提。是故筆者出此書的目的，針對書中內容若有錯誤或其他疑問也歡迎來信諮詢。

聯絡信箱為：digiwhale@gmail.com

感謝各界先進與讀者的支持與不吝賜教。

黃英展（大魚老師）

特別感謝

- WordPress 系統開發團隊（WordPress 基金會 / Automattic）
- 本書所介紹節錄的所有外掛之開發者

網站相關畫面提供

數位鯨 多媒體行銷

網址：https://www.dgwhale.com/

讀者回函

感謝您購買本公司出版的書，您的意見對我們非常重要！由於您寶貴的建議，我們才得以不斷地推陳出新，繼續出版更實用、精緻的圖書。因此，請填妥下列資料(也可直接貼上名片)，寄回本公司(免貼郵票)，您將不定期收到最新的圖書資料！

購買書號：＿＿＿＿＿＿＿　書名：＿＿＿＿＿＿＿

姓　　名：＿＿＿＿＿＿＿＿＿＿＿＿＿＿＿＿＿＿＿

職　　業：□上班族　□教師　□學生　□工程師　□其它

學　　歷：□研究所　□大學　□專科　□高中職　□其它

年　　齡：□10~20　□20~30　□30~40　□40~50　□50~

單　　位：＿＿＿＿＿＿＿＿＿　部門科系：＿＿＿＿＿＿

職　　稱：＿＿＿＿＿＿＿＿＿　聯絡電話：＿＿＿＿＿＿

電子郵件：＿＿＿＿＿＿＿＿＿＿＿＿＿＿＿＿＿＿＿＿

通訊住址：□□□ ＿＿＿＿＿＿＿＿＿＿＿＿＿＿＿＿＿

＿＿＿＿＿＿＿＿＿＿＿＿＿＿＿＿＿＿＿＿＿＿＿＿＿

您從何處購買此書：

□書局 ＿＿＿＿＿　□電腦店 ＿＿＿＿＿　□展覽 ＿＿＿＿＿　□其他

您覺得本書的品質：

內容方面：　□很好　　　□好　　　□尚可　　　□差

排版方面：　□很好　　　□好　　　□尚可　　　□差

印刷方面：　□很好　　　□好　　　□尚可　　　□差

紙張方面：　□很好　　　□好　　　□尚可　　　□差

您最喜歡本書的地方：＿＿＿＿＿＿＿＿＿＿＿＿＿＿＿＿

您最不喜歡本書的地方：＿＿＿＿＿＿＿＿＿＿＿＿＿＿＿

假如請您對本書評分，您會給(0~100分)：＿＿＿＿＿ 分

您最希望我們出版那些電腦書籍：

請將您對本書的意見告訴我們：

您有寫作的點子嗎？□無　□有　專長領域：＿＿＿＿＿

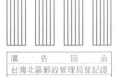

221

博碩文化股份有限公司　產品部

台灣新北市汐止區新台五路一段112號10樓A棟